学科教学高手

教学为了什么

林 勤 ◎ 主编

华东师范大学出版社

图书在版编目(CIP)数据

教学为了什么/林勤著. —上海:华东师范大学出版社,2017
 ISBN 978-7-5675-6675-0

Ⅰ.①教… Ⅱ.①林… Ⅲ.①物理学—教学研究 Ⅳ.①O4-42

中国版本图书馆 CIP 数据核字(2017)第 182363 号

教学为了什么

著　者　林　勤
责任编辑　刘　佳
特约审读　苗晓慧
装帧设计　卢晓红

出版发行　华东师范大学出版社
社　　址　上海市中山北路 3663 号　邮编 200062
网　　址　www.ecnupress.com.cn
电　　话　021-60821666　行政传真 021-62572105
客服电话　021-62865537　门市(邮购)电话 021-62869887
地　　址　上海市中山北路 3663 号华东师范大学校内先锋路口
网　　店　http://hdsdcbs.tmall.com

印刷者　南通印刷总厂有限公司
开　本　787×1092　16 开
印　张　15
字　数　243 千字
版　次　2017 年 10 月第 1 版
印　次　2017 年 10 月第 1 次
书　号　ISBN 978-7-5675-6675-0/G·10494
定　价　48.00 元

出版人　王　焰

(如发现本版图书有印订质量问题,请寄回本社客服中心调换或电话 021-62865537 联系)

目 录

教学为了什么

1. 教学为了什么 / 2
2. 建构主义的回答 / 5
3. 支撑建构的环境营造 / 23
4. 支撑建构的教学策略 / 58
5. 支撑建构的学习方式 / 81
6. 翻转课堂的教学 / 96
7. 让思维跃迁的教学 / 116
8. 让学生获得学习经历的教学 / 148
9. 支持学生优势学习的教学 / 160
10. 促进教师专业化发展的教学 / 186

结语 / 235

教学为了什么

1 教学为了什么

也许这是一个不该提出的问题，授业、传道、解惑，或是学习知识、发展能力，似乎家喻户晓。但是，现在对于这个问题似乎出现了另类的质疑！

另类的质疑

2002年4月《一个母亲的教育革命》一书中披露了一位成都母亲王俊的惊人之举。王女士有一个聪明活泼的女儿蓉榕，和别的孩子不同的是，蓉榕从没上过幼儿园。2001年夏天，蓉榕到了上小学的年龄，尽管家的隔壁就有一所知名小学，可王俊拒绝让女儿进入学校接受九年制义务教育。蓉榕在家里上学，家庭教育使刚满9岁的蓉榕基础课的水平明显超过了同龄孩子——数学已经学到了六年级，语文上到了初一的课本，英语更是达到了初三的水平，而且每次测验成绩都很优秀。此外，她还考了舞蹈5级、钢琴6级、表演、围棋等方面的学习也大有进步。

2004年11月4日，新华网浙江频道报道了海盐城关镇袁小逸的父亲、拥有北大硕士和南开博士学历的袁鸿林，将5岁女儿放在家中培养的故事。博士父亲给女儿的培养教育制订的计划:"3岁开始早教,6岁达到小学低年级水平,9岁小学毕业,13岁高中毕业,16岁大学毕业,19岁硕士毕业,21岁博士毕业……"。家庭教育使袁小逸的英语、文史功底,均已超过了初中生水平。她在钻研诸葛亮前后《出师表》的真伪问题时,写下了2000多字的读书笔记。除此而外,她居然帮着父亲给"私塾"里的其他学生上课,面对台下在座的15个学生,老练地讲解起古文。九岁小女孩当起私塾老师。

2012年腾讯网曾做过一篇"在家上学"的报道。毕业于中国顶级大学——北京大学的张乔峰,因为不满儿子的学校教育,毅然放弃了自己年薪30多万的工作,回归家里,让儿子在家上学。用他的话说:"我像把儿子从监狱里捞出来一样,心里无比轻松。那一刻,我决定自己亲自教儿子读书!"他为儿子制定的课程表中,以英语、数学、语文为主,同时还包括跆拳道、游泳、武术等多个兴趣班课程。他每天给儿子张洪武上4个小时的课,而在小学里,7岁的孩子通常要上6个小时课。他成为了选择放弃僵化的应试教育体系的中国父母中的一员。

在家上学这种教育方式,是在欧美等发达国家20世纪80年代兴起的。越来越多的家长把自己的孩子放在家中自教自学,甚至一些很有身份地位的名人也这样做。据调查,在美国,大约有20%的家长的教学质量超过了学校的老师。美国有超过2%的学龄儿童在家庭学校就读,同时美国各州还通过立法确立了在家上学的合法性。而在欧洲,在家上学的人数正以每年5%的速度迅速增长。对于国内2012年,法新社援引首都师范大学教育政策研究专家劳凯声的话说,"在家上学的人数迅速增加,特别是过去几年。这些人数量虽然不多,却在逐步增加。"

网络的挑战

网络信息技术的发展,也为传统的课堂教学带来了巨大的冲击。

2011年10月,斯坦福大学的两位教授安德鲁和特隆在网上开设了"机器学习"和"人工智能"课程。不久又分别成立了两个网络教育平台 Coursera 和 Udacity。2012年4月,麻省理工和哈佛则共同创立了网络教育平台,提供了世界顶尖大学的大型开放式网络课程(MOOC)。截至2013年底,平台聚集了来自全球的107所大学的558门课程,吸引了全世界数以万计的学习者。这就是MOOC的由来。现在斯坦福大学一堂课,线下就有96万学生。而我国,注册复旦大学"大数据与信息传播"课程的人已经超过了5000人,平均每天增加150人。正是这样的趋势,美国媒体认为MOOC可能重构高等教育秩序,甚至提出了"大学末日"预言。

基础教育的MOOC比高校起源的更早。2004年夏,住在波士顿获得麻省理工学院数学学士、计算机学士和计算机硕士的对冲基金分析师萨尔曼·可汗,为了给住在新奥尔良的表妹辅导数学,将讲课的内容制作成视频,放在网上,让表妹自己看着学。没想到他的视频无意中被更多的人看到,不仅受到了如潮的好评,而且真的为世界各地的许多人解决了数学学习问题。2007年,萨尔曼·可汗建立了可汗学院,讲课视频全部放在了网站上。2010年,加利福尼亚Losaltos学区与可汗学院合作,在学区内选取了两个五年级和两个七年级班级试验"翻转课堂",取得了明显的效果。

不论是拒绝学校教育,或是数字技术的冲击,还是放弃老师教学,都对传统的课堂教学提出了"教学为了什么"的质疑。

2 建构主义的回答

充满追求的学习

我们先来看一下这样两个案例吧。

案例一

大型绿地对城市生态环境的指示及改善作用

旧城区的改造、居民的动迁是上海城市建设中一项不可避免的工程。我的家就是因为延中绿地的建设,要由中心城区迁往他处。至今,我也忘不了动迁前夕的情景。也许是故土难移的情节吧,几十年来住惯了自己弄堂的居民们真是不情愿啊。大家议论纷纷,对绿地的建设提出了诸多的质疑。例如:为什么要建这样的大型绿地?难道不可以用一些小型分散的绿色种植来替代大型绿地吗?对于上海目前的空气质量,这样的大型绿地能有较为显著的环境改善和净化功能吗?等等。就连我家吃饭时,爸爸妈妈也提出了这样的问题,发出了许多的感慨。

大型绿地建设中的这些疑惑,一直驻留在了我的心中。如果真的如同某些居民所说的那样,大型绿地对环境的改善效果,可以用小型分散的绿色种植来替代,那不仅可以更为灵活的加强对环境的改造,而且还可以极大地减轻城市建设中居民动迁的压力啊。

我萌发了对这一疑惑强烈的研究愿望。我找到了另外几个同学,向他们叙述了当时动迁时的情景,表达了我的想法和愿望。同学们组成了研究小组,对小型绿地能否替代大型绿地的问题进行研究。

学校图书馆、静安区图书馆、上海市图书馆成了我们查询资料、读书学习的极好场所。我们开始学习《环境学》、《生物学》、《植物生理学实验指导》、《大气污染物对植物的影响》、《城市生态学》等有关课程,学习空气质量描述的基本理论,了解测定和描述生态指标的一般方法。

描述环境和生态的指标实在太多了!如果从研究对象上划分,可以有空气、雨水、地下水、土壤、动物、植物……而每一个或每一种研究对象,又可以从物理、化学、生物、甚至工程等不同角度去进行描述,在老师的指导下,我们把几十个描述环境的常用指标列了出来,然后对它们进行了逐个的分类和考察。再对照学校现有的和能够外借的实验仪器,从可操作性角度进行了再次筛选。

经过事先的电话预约后,我们又走访了区环保局和华东师大的生物系,专家老师们对我们的设想又从必要指标、辅助指标、操作要求等角度提出了建议。例如区环保局的专家就建议我们增加空气中含氧量的指标,并告诉我们,尽管这个指标对我们的实验来说难以测量,但确实是描述空气质量中不可缺少的,可以由环保局为我们定期提供。

我们又开始了实验操作的学习,包括声级计、温度计、湿度计的使用;高精天平、高速离心机、分光计的使用等等。使我们基本上能够胜任这些实验操作的需求。

延中绿地毫无争议地成了我们共同的选择。我们几进几出延中绿地实地考察,最终确定了以延安中路绿地中的沙朴树为圆心,以200米左右的距离间隔作圆,在圆周与金陵东路的交界处设立测量地点,测量点共选取了六处并相应进行了编号。

噪音、平均温度、相对湿度、植物叶片吸光度、空气中降尘、空气中细菌、空气中负离子的含量等一系列指标成为我们常年获取和测量的指标。我们还先后调研了金山石化厂区、上海植物园地区、长宁化工场区、西郊动物园地区的空气环境情况。我们走访了这些区县的环境监测部门,进行了空气质量的专项记录,了解了这些地区绿色生长茂盛期和枯萎期的环境质量对比情况,还采集了部分叶片进行实验。

经过近两年时间的学习研究,《大型绿地对生态环境的改善及指示作用》终于完成了。论文答辩时,外聘的专家和老师们对我们的报告予以了很高的评价,并推荐我们的报告参加了上海市青少年科学论文的评选和联合国教科文组织全球"我的社区、我的家园"世界青少年论文评选活动。正是由于这项课题的研究,我们从一个环境保护的爱好者成为了有一定环境保护知识水平的业余研究者和志愿者。高三填报高考志愿时我们小组的三位同学,不约而同地都选择了重点大学的环境专业,并且都成功地实现了自己的愿望。自我学习、自己研究给我们一生留下永恒的珍贵记忆。

几位刚刚进入高中的学生,在没有任何专业知识的背景下,凭借着毅力,自学了从中学到大学的一系列课程,完成了自己的研究,达到了理论与实践的结合,为"教学为了什么"提供了一种值得品味深思的现实材料。

案例二

地球同步卫星的教学

这是万有引力定律教学即将结束的时候,教师没有像常规教学那样要求学生进行单纯课本的预习,而是为学生讲述了这样几个故事。

2009年2月10日,同步卫星轨道上,美俄卫星相撞,这成为了全球首次卫星相撞事件。

2013年4月26日,厄瓜多尔首颗自主研制的卫星在中国酒泉卫星发射中心发射升空,卫星带来的通信信息和质量,使厄瓜多尔的国民欢呼雀跃。然而5月24日,这颗卫星与太空垃圾相撞,失去了功能。为了弥补这一困境,9月,中国再次为厄国重新发射了一颗新的卫星。

接着,教师又提出了一系列的问题。

地球同步卫星的原理是什么?

为什么同步轨道会出现"星满为患"的现象?

地球同步卫星轨道上最多可容纳多少颗卫星?

能否开辟第二高度的地球同步卫星轨道?

下一节课,物理老师瞠目结舌了。学生们一个个依次走上讲台。

"关于同步卫星的原理,就是万有引力提供了向心力。"黑板上一行行公式出现了。"由此可知同步卫星的高度、运行平面一定是唯一的"。

"根据国际卫星组织的规定,为了防止卫星间的互相影响,卫星间距所对的圆心角必须大于3度。由此可知,同步卫星的轨道上最多只能存在120颗卫星"。

"星满为患的原因,是同步卫星轨道在赤道上方的同一平面,如果卫星的数量增加,只能考虑第二高度的地球同步轨道的设想"。

"根据万有引力定律,如果仅仅依靠地球的引力是不可能形成轨道第二高度的。可以采用太阳风利用的方式。这也是国外最新研究方向之一"。

"太阳风技术目前仅是设想。当卫星与地球角速度相同、地球质量、引力恒量不变时,提高轨道高度,可以采用气体喷射技术,增加向心力。但这样卫星的喷射剂用完时,轨道的第二高度也就不能实现了"。

"卫星的种类很多,也有不同的功能,我也来为大家介绍几种卫星。例如极地卫星、太阳卫星。原则上也是万有引力的作用,但又不完全……"。

"从万有引力中可以看到,卫星的发射要达到临界速度,为此利用地球自转是一个好办法。这就是为什么卫星发射场总选择在低纬度的原因"。

……

这样的学习——自主的理论探索,拓展性的研究,源于课本又超越课本,真的是教师希望达到的境界。

这样的教学效果又是如何实现的呢?

学习的本质

让我们再一次考量学习的本质吧,这是建构主义的学习理论。

建构主义是由结构主义发展而来的一种哲学方法论。20世纪90年代以后被应用于教育领域,导致了一场教育心理学的革命,使建构主义学习理论得到迅速发展。

建构主义理论的主要代表人物有:皮亚杰(J. Piaget)、科恩伯格(O. Kernberg)、斯腾伯格(R. J. Sternberg)、卡茨(D. Katz)和维果斯基(Vogotsgy)。

皮亚杰是认知发展领域最有影响的一位心理学家,他所创立的关于儿童认知发展的学派被人们称为日内瓦学派。皮亚杰关于建构主义的基本观点是：儿童是在与周围环境相互作用的过程中，逐步建构起关于外部世界的知识，从而使自身认知结构得到发展的。儿童与环境的相互作用涉及两个基本过程——"同化"与"顺应"。同化是指个体把外界刺激所提供的信息整合到自己原有认知结构内的过程；顺应是指个体的认知结构因外部刺激的影响而发生改变的过程。同化是认知结构数量的扩充，而顺应则是认知结构性质的改变。认知个体通过同化与顺应这两种形式来达到与周围环境的平衡：当儿童能用现有图式去同化新信息时，他处于一种平衡的认知状态；而当现有图式不能同化新信息时，平衡即被破坏，而修改或创造新图式（顺应）的过程就是寻找新的平衡的过程。儿童的认知结构就是通过同化与顺应过程逐步建构起来，并在"平衡——不平衡——新的平衡"的循环中得到不断的丰富、提高和发展。

在皮亚杰的"认知结构说"的基础上，科恩伯格对认知结构的性质与发展条件等作了进一步的研究；斯腾伯格和卡茨等人强调个体的主动性在建构认知结构过程中的关键作用，并对认知过程中如何发挥个体的主动性做了认真的探索；维果斯基提出了"文化历史发展理论"，强调了认知过程中学习者所处的社会文化历史背景的作用，并提出了"最近发展区"的理论。维果斯基认为，个体的学习是在一定的历史、社会文化背景下进行的，社会可以为个体的学习发展起到重要的支持和促进作用。维果斯基区分了个体发展的两种水平：现实的发展水平和潜在的发展水平，现实的发展水平即个体独立活动时所能达到的水平，而潜在的发展水平则是指个体在成人或比他成熟的个体的帮助下所能达到的活动水平，这两种水平之间的区域即为"最近发展区"。在此基础上以维果斯基为首的维列鲁学派深入地研究了"活动"和"社会交往"在人的高级心理机能发展中的重要作用。所有这些研究都使建构主义理论得到进一步的丰富和完善，为实际应用于教学过程创造了条件。

美国心理学家维特罗克，也是建构主义学习论的代表人物，他在信息加工学习理论的基础上，提出了生成学习理论。该理论的要点如下：

第一，生成学习过程的前提是：①人对所学习的事物产生某种联想，并与先前的经验相结合。②人脑是主动地对输入的信息进行加工并建构意义。

生成学习模式主要涉及生成、动机、注意和先前的知识经验四个成分。生成学习过程的中心因素是长时记忆贮存系统；动机是促进意义建构的动力；意义建构线路即学习途径,是从对感觉经验的选择性注意开始;而选择性注意又受到长时记忆和认知过程等许多因素的影响。

第二,学习的实质就是主动地建构对信息的解释,并从中作出推论。

第三,学习是学习者建构自己的知识的过程,他要对外部信息进行主动地选择与加工,主动地去建构信息的意义。意义是学习者通过新旧知识经验间反复、双向的相互作用过程而建构成的。每个学习者都会以自己的原有经验为基础对新信息进行编码,建构自己的理解,包含新旧经验冲突所引发的观念和结构重组。

第四,具体描述出了学习过程的步骤,认为学习始于对感觉经验的选择性注意。①首先是长时记忆中影响注意和知觉的各种内容及以特殊方式加工信息的倾向,进入短时记忆。②这些过去经验帮助学习者主动对感觉到的经验进行选择性注意。③经过选择性知觉在学习动机的作用下,学习者主动尝试将其与长时记忆中的相关信息建立联系,以主动去理解新信息的意义。④通过与感觉经验对照和与长时记忆中已有经验的对照,进一步主动建构并检验新信息的意义。⑤如果经检验,建构意义不成功,应该回到感觉信息,重新尝试;如检验成功,即达到了对意义的理解。⑥对新生成的意义从各方面进行评估,以检验其合理性及长时记忆,感觉信息中其他信息间的一致性。⑦评估导致在短时记忆中建构生成的意义进入到长时记忆的认知结构中去,也可能导致认知结构。

建构主义学习理论与行为主义和联结-认知主义学习理论相比,在性质上有重大的变化和发展。它超越了客观主义认识论,把学习者的认知作用提升到了关键地位,树立了结构主义认识论的建构观,把以"教"为中心的ID1、ID2推进到了以"学"为中心的ID3。建构主义学习理论及其指导下的ID3,由于适应当前社会教育、教学改革发展的方向,并得到现代教育技术发展的支持和保障,所以,在国内外产生了很大影响。

以下是几个建构主义学习理论的重要名词(同化、顺应、平衡):

同化是指学习个体对刺激输入的过滤或改变过程。也就是说个体在感受刺激时,把它们纳入头脑中原有的图式之内,使其成为自身的一部分。

顺应是指外部环境发生变化而原有认知结构无法同化新环境提供的信息时所引起的儿童认知结构发生重组与改造的过程,即个体的认知结构因外部刺激的影响而发生改变的过程。

平衡是指学习者个体通过自我调节机制使认知发展从一个平衡状态向另一个平衡状态过渡的过程。

建构主义学习理论的主要内容

一、"学习的含义"及"学习的方法"

1. 关于学习的含义

建构主义认为,知识不是通过教师传授得到,而是学习者在一定的情境即社会文化背景下,借助学习来获取的过程,得到其他人(包括教师和学习伙伴)的帮助,利用必要的学习资料,通过意义建构的方式而获得。由于学习是在一定的情境即社会文化背景下,借助其他人的帮助即通过人际间的协作活动而实现的意义建构过程,因此建构主义学习理论认为"情境"、"协作"、"会话"和"意义建构"是学习环境中的四大要素或四大属性。"情境":学习环境中的情境必须有利于学生对所学内容的意义建构。这就对教学设计提出了新的要求,也就是说,在建构主义学习环境下,教学设计不仅要考虑教学目标分析,还要考虑有利于学生建构意义的情境的创设问题,并把情境创设看作是教学设计最重要的内容之一。"协作":协作发生在学习过程的始终。协作对学习资料的搜集与分析、假设的提出与验证、学习成果的评价直至意义的最终建构均有重要作用。"会话":会话是协作过程中不可缺少的环节。学习小组成员之间必须通过会话商讨如何完成规定的学习任务的计划;此外,协作学习过程也是会话过程,在此过程中,每个学习者的思维成果(智慧)为整个学习群体所共享,因此会话是达到意义建构的重要手段之一。"意义建构":这是整个学习过程的最终目标。所谓建构的意义是指:事物的性质、规律以及事物之间的内在联系。在学习过程中帮助学生建构意义就是要帮助学生对当前学习内容所反映的事物的性质、规律以及该事物与其他事物之间的内在联系达到较深刻的理解。这种理解在大脑中的长期存储形式就是前面提到的"图式",也就是关于当前所学内容的认知结构。由以上所述的"学习"的含义可知,学习的质量是学习者建构意义能力的函数,而不是学习者重现教师思维过程能力的函数。换句话说,获得知识的多少取决于学习者根据自身经验去建构有关知识的意义的能力，而不是取决于学习者记忆和背诵教师讲授内容的能力。

2. 关于学习的方法

建构主义是提倡在教师的指导下、以学习者为中心的学习，也就是说，既强调学习者的认知主体作用，又不忽视教师的指导作用，教师是意义建构的帮助者、促进者，而不是知识的传授者与灌输者。学生是信息加工的主体、是意义的主动建构者，而不是外部刺激的被动接受者和被灌输的对象。学生要成为意义的主动建构者，就要求学生在学习过程中从以下几个方面发挥主体作用：

（1）要用探索法、发现法去建构知识的意义；

（2）在建构意义过程中要求学生主动去搜集并分析有关的信息和资料，对所学习的问题要提出各种假设并努力加以验证；

（3）要把当前学习内容所反映的事物尽量和自己已经知道的事物相联系，并对这种联系加以认真的思考。"联系"与"思考"是意义构建的关键。如果能把联系与思考的过程与协作学习中的协商过程（即交流、讨论的过程）结合起来，则学生建构意义的效率会更高、质量会更好。协商有"自我协商"与"相互协商"（也叫"内部协商"与"社会协商"）两种，自我协商是指自己和自己争辩什么是正确的；相互协商则指学习小组内部相互之间的讨论与辩论。

二、教师的作用

教师是学生学习的引导者、辅助者、资料提供者。教师要成为学生建构意义的帮助者，就要求教师在教学过程中从以下几个方面发挥指导作用：

（1）激发学生的学习兴趣，帮助学生形成学习动机。

（2）通过创设符合教学内容要求的情境和提示新旧知识之间联系的线索，帮助学生建构当前所学知识的意义。

（3）为了使意义建构更有效，教师应在可能的条件下组织协作学习（开展讨论与交流），并对协作学习过程进行引导使之朝有利于意义建构的方向发展。引导的方法包括：提出适当的问题以引起学生的思考和讨论；在讨论中设法把问题一步步引向深入以加深学生对所学内容的理解；要启发诱导学生自己去发现规律、自己去纠正和补充错误的或片面的认识。

三、建构主义的教学观念

1. 学生是教学情境中的主角。传统教学偏重教师的教,现代教学则重视学生的学。学生是学习的主体,教师不能代替学生学习,所以,教师不是教学的主体是不言而喻的事情。因此,教学情境中要尊重学生的主体性,学生只有在成为教学情境中的主角以后,才会积极主动地参与教学过程。

2. 教学是激发学生建构知识的过程。既然知识是学习者自我建构的结果,那么教学就不是传授、灌输知识的活动,而是一个激发学生建构知识的过程。教学就是要创设或者利用各种情境,帮助学生利用先前的知识与已有的经验在当前情境中进行学习和认知。

3. 教学原则

(1) 把所有的学习任务都置于为了能够更有效地适应世界的学习中。

(2) 教学目标应该与学生学习环境中的目标相符合,教师确定的问题应该使学生感到就是他们本人的问题。

(3) 设计真实的任务。真实的活动是学习环境的重要特征。应该在课堂教学中使用真实的任务和日常的活动或实践,整合多重的内容或技能。

(4) 设计能够反映学生在学习结束后就从事有效行动的复杂环境。

(5) 给予学生解决问题的自主权。教师应该刺激学生的思维,激发他们自己解决问题。

(6) 设计支持和激发学生思维的学习环境。

(7) 鼓励学生在社会背景中检测自己的观点。

(8) 支持学生对所学内容与学习过程进行反思,发展学生自我控制的技能,成为独立的学习者。

4. 教学模式与方法

在建构主义的教学模式下,目前已开发出的、比较成熟的教学方法主要有以下几种:

支架式教学(Scaffolding Instruction)

支架式教学被定义为:"支架式教学应当为学习者建构对知识的理解提供一种概念框架(conceptual framework)。这种框架中的概念是发展学习者对问题的进一步理解所需要的,为此,事先要把复杂的学习任务加以分解,以便于把学习者的理解逐步引向深入。"

支架原本指建筑行业中使用的脚手架,在这里用来形象地描述一种教学方式:儿童被看作是一座建筑,儿童的"学"是在不断地、积极地建构着自身的过程;而教师的"教"则是一个必要的脚手架,支持儿童不断地建构自己,不断建造新的能力。支架式教学是以著名心理学家维果斯基的"最近发展区"理论为依据的。维果斯基认为,在测定儿童智力发展时,应至少确定儿童的两种发展水平:一种是儿童现有的发展水平,一种是潜在的发展水平,这两种水平之间的区域称为"最近发展区"。教学应从儿童潜在的发展水平开始,不断创造新的"最近发展区"。支架教学中的"支架"应根据学生的"最近发展区"来建立,通过支架作用不停地将学生的智力从一个水平引导到另一个更高的水平。

案例

这是《苏州园林》课文教学的过程

本课属于说明文教学单元的内容,是培养学生说明文写作的教学。

教师:苏州园林又称"苏州古典园林",是世界著名的文化遗产、我国的AAAAA级旅游景区。作为中国十大风景名胜之一,素有"园林之城",享有"江南园林甲天下,苏州园林甲江南"之美誉,中华文化的翘楚和骄傲,也是中国园林的杰出代表。

很多同学都去过苏州,也领略过苏州园林的美景。如果我们也来写一篇苏州园林的说明文,该怎样写呢?

展示:沧浪亭、狮子林、拙政园、留园、网师园、怡园等园林的照片。

教师:不同的园林建筑,有什么共同之处?

观察:留园的摄像片观赏。

教师:不同角度看到了什么,感觉到什么?

近景:林园的树木、门窗、假山等。

比较:北京颐和园的部分建筑。

教师:南北方建筑的区别。

教师:苏州园林始于春秋时期吴国建都姑苏时,形成于五代,成熟于宋代,兴旺鼎盛于明清。到清末苏州已有各色园林170多处。

教师：根据我们看到的和老师介绍的资料，如果由你来说明苏州园林，你会怎么说明？

讨论：小组讨论，并分别设计"说明提纲"，进行交流补充。

教师：现在来学习一下著名作家叶圣陶的代表作之一《苏州园林》。品味一下作者是怎样对苏州园林来进行说明的。

这个案例基本上表现了支架式教学的特征。

一般来说，支架式教学主要由以下几个环节组成：

（1）搭脚手架——围绕当前学习主题，按"最邻近发展区"的要求建立概念框架。

（2）进入情境——将学生引入一定的问题情境。

（3）独立探索——让学生独立探索。探索内容包括：确定与给定概念有关的各种属性，并将各种属性按其重要性大小顺序排列。探索开始时要先由教师启发引导，然后让学生自己去分析；探索过程中教师要适时提示，帮助学生沿概念框架逐步攀升。

（4）协作学习——进行小组协商、讨论。讨论的结果有可能使原来确定的、与当前所学概念有关的属性增加或减少，各种属性的排列次序也可能有所调整，并使原来多种意见相互矛盾且态度纷呈的复杂局面逐渐变得明朗、一致起来。在共享集体思维成果的基础上达到对当前所学概念比较全面、正确的理解，即最终完成对所学知识的意义建构。

（5）效果评价——对学习效果的评价包括学生个人的自我评价和学习小组对个人的学习评价，评价内容包括：①自主学习能力；②对小组协作学习所作出的贡献；③是否完成对所学知识的意义建构。

抛锚式教学（Anchored Instruction）

这种教学要求建立在有感染力的真实事件或真实问题的基础上。确定这类真实事件或问题被形象地比喻为"抛锚"，因为一旦这类事件或问题被确定了，整个教学内容和教学进程也就被确定了（就像轮船被锚固定一样）。建构主义认为，学习者要想完成对所学知识的意义建构，即达到对该知识所反映事物的性质、规律以及该事物与其他事物之间联系的深刻理解，最好的办法是让学习者到现实世界的真实环境中去感受、去体验（即通过获取直接经验来学习），而不是仅仅聆听别人（例如教师）关于这种经验的介绍和讲解。由于抛锚式教学要以真实事例或问题为基础（作为"锚"），所以有时也被称为"实例式教学"或"基于问题的教学"或"情境性教学"。

案例

数码灯设计实验的教学过程

教师：我们已经学习了直流电路中电路连接和开关的使用，今天我们要完成相关内容的应用设计。

"数码灯"是我们经常看到的显示装置。它用七根灯管组成发光部件，通过控制可以表示出0—9十个数字。比如：数字"1"、数字"7"、数字"4"、数字"3"的显示如下：

教师：现在我们布置两项任务。

任务一

给出五个小灯泡（分别代表不同位置的灯管），A、B、C三个双刀单掷开关，学生电源一台（提供直流电源），导线若干，要求：

设计并连接后，开关不闭合，所有灯泡不发光；

闭合A开关，显示出数字"1"；

断开A、闭合B，显示数字"7"；

断开B、闭合C，显示数字"4"。

说明：灯泡不得串联。

任务二

增加一个灯泡，增加一个双刀双掷开关D，要求：

设计并连接后，开关不闭合，所有灯泡不发光；

闭合A开关，显示出数字"1"；

断开A、闭合B，显示数字"7"；

断开B、闭合C，显示数字"4"；

断开B、C，合上A，显示数字"1"，再合上D，显示数字"3"。

说明：灯泡不得串联。

学生：复习已经学过的各种开关的使用。如单刀双掷开关用于楼梯灯控制、双刀

单掷开关用于闸刀开关控制、双刀双掷开关用于直流电机正反向转动控制等,如图:

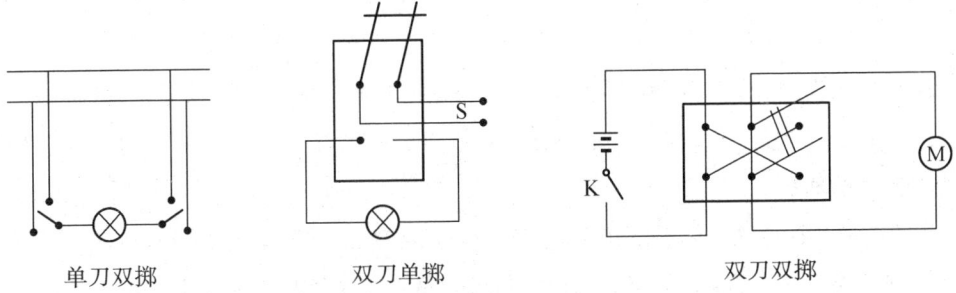

单刀双掷　　　　　双刀单掷　　　　　双刀双掷

讨论:学生们对于双刀双掷开关进行了重点讨论。

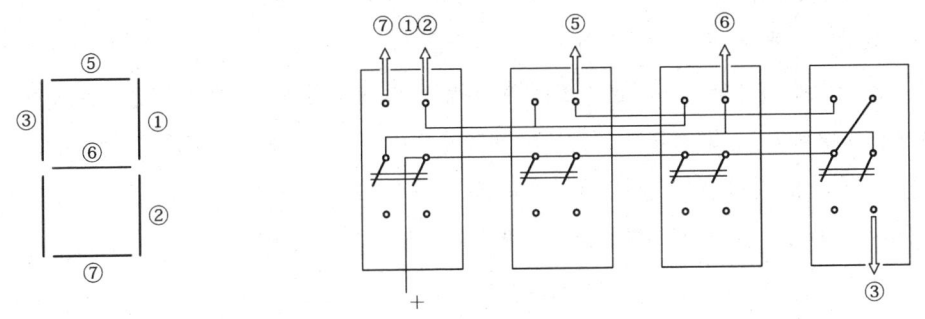

当中央双刀的掷点接入电源时,每一端接入用电器电路,双刀开关可以同时控制两个电路;当中央双刀的掷点接入用电器电路时,每一端接入电源,开关可以提供两种电源供选择;当中央双刀的掷点接入电源时,每一侧为一个用电器电路的工作单位,开关可以使这两个电路的工作性质正好相反。

据此学生很快设计出了数码灯的电路图,如图所示。

评价:设计制作完成后,学生们对这个设计进行了连接,确实达到了任务要求。接着学生们又对这个设计进行了评价。这个电路图并不是最理想的,开关的选择就是一种浪费,至少可以用三只双刀单掷替代双刀双掷开关。

抛锚式教学主要包括以下几个环节:

(1) 创设情境——使学习能在和现实情况基本一致或相类似的情境中发生。

(2) 确定问题——在上述情境下,选择出与当前学习主题密切相关的真实事件或问题作为学习的中心内容。选出的事件或问题就是"锚",这一环节的作用就是"抛锚"。

（3）自主学习——不是由教师直接告诉学生应当如何去解决面临的问题,而是由教师向学生提供解决该问题的有关线索,并特别注意发展学生的"自主学习"能力。

（4）协作学习——讨论、交流,通过不同观点的交锋,补充、修正、加深每个学生对当前问题的理解。

（5）效果评价——由于抛锚式教学的学习过程就是解决问题的过程,由该过程可以直接反映出学生的学习效果。因此对这种教学效果的评价不需要进行独立于教学过程的专门测验,只需在学习过程中随时观察并记录学生的表现即可。

上面这个案例基本上反映了抛锚式教学的特征。

随机进入教学(Random Access Instruction)

由于事物的复杂性和问题的多面性,要做到对事物内在性质和事物之间相互联系的全面了解和掌握,即真正达到对所学知识的全面而深刻的意义建构是很困难的。往往从不同的角度考虑可以得出不同的理解。为克服这方面的弊病,在教学中就要注意对同一教学内容,要在不同的时间、不同的情境下、为不同的教学目的、用不同的方式加以呈现。换句话说,学习者可以随意通过不同途径、不同方式进入同样教学内容的学习,从而获得对同一事物或同一问题的多方面认识与理解,这就是所谓"随机进入教学"。显然,学习者通过多次"进入"同一教学内容将能达到对该知识内容比较全面而深入的掌握。这种多次进入,绝不是像传统教学中那样,只是为巩固一般的知识、技能而实施的简单重复。这里的每次进入都有不同的学习目的,都有不同的问题侧重点。因此多次进入的结果,绝不仅仅是对同一知识内容的简单重复和巩固,而是使学习者获得对事物全貌的理解与认识上的飞跃。

案例

牛顿第二定律的教学设计

在学习了牛顿第二定律后,教师设计了一组例题。

例1 物体以平行斜面的初速度,冲上光滑的斜面,在相关已知条件给出后,试求物体到达斜面中点时的速度。

这题的设计本意,就是了解牛顿第二定律使用的矢量性。

例2 用水平外力作用在置于光滑水平面上的 M 物体上。物体联结着动滑轮(轻滑轮)。穿过动滑轮的轻绳,一端与一个质量为 m 的物体相连,另一端固定在墙上,如图。试求在外力一致的情况下,M、m 物体的加速度分别多大。

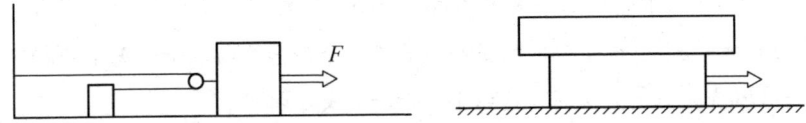

这个例题的设计,是想对研究对象的选取再进行说明:两个加速度不同的物体,是不能作为系统来研究的。

例3 质量不同的物体放在水平面上。如果物体的质量、各接触面的摩擦系数均为已知。那么,当用水平外力作用在中间物体上,将中间物体拉出时,水平外力的大小至少应为多大?

这一例题的设计,则是对物体运动的分析再进行强调。原来静止的两个物体,只有当二者获得的加速度不同时,才可能出现相对运动,而使中间物体被拉出。

例4 一列质量为 M 的火车,在平直轨道上匀速运动。某时刻起质量为 m 的尾车脱钩,但机车仍以原动力前进。当行进了 L 远时,司机发现异常,撤除了机车牵引力。试问,火车停稳后,前后两部分相距多远?

这个例题的设计,则是要说明"运动的隔离"。在尾车脱钩和前车撤除动力后,运动物体的受力均为摩擦力,加速度相同。而在机车未撤除动力时,受力和加速度情况与其他运动段完全不同。所以,本题的求解应该分为三个隔离段。

例5 如图,质量为 M 的斜面放置在光滑水平面上,用平行于斜面的细线系着质量为 m 的小球,如图。若用水平力作用在斜面上使其运动,为保持小球相对斜面静止,该水平力最大不能超过多少。

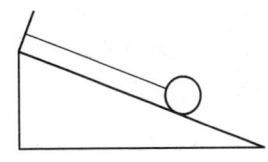

这个例题的设计,是说明牛顿第二定律中有些问题的求解需要讨论。在本题中,如果水平力的方向向左或向右,所得到的结果是不尽相同的。

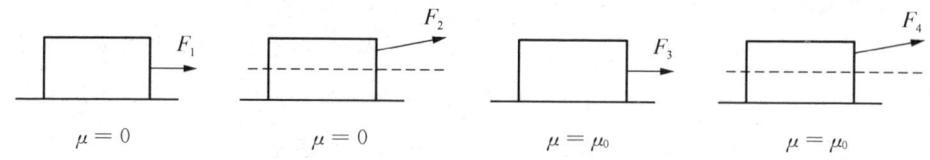

例6 四个质量相同的物体静止在水平面上,受到四个不同的外力作用,由静止起,以相同的加速度,行进了相同的位移。其中两个斜向力与水平的夹角均相同,物体与地面的摩擦情况如图。试判断这四个力做功的大小排序。

这个例题的设计,也是要求对牛顿第二定律关于外力与加速度关系的进一步认识。尽管这里的教学内容是机械功,但本题计算的核心,还是第二定律的使用。

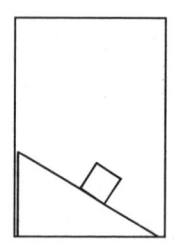

例7 如图。以一定加速度上行的电梯中,有一个倾斜角为 θ 的斜面,斜面上放置着质量为 M 的木块。如果电梯的加速度大小为 a,电梯上行的距离为 s,电梯上行中木块始终相对斜面静止,试求木块所受斜面的支持力、静摩擦力对木块所做的功。

这个例题的设计,是要求对第二定律中超失重问题进一步熟悉。因为此时的弹力和摩擦力的计算,若采用第二定律的规范解法求解较繁。而对超失重较为熟悉时,求解则简便得多。

将这一组例题,分别在习题课、章节复习课、单元复习课乃至功和能的教学课中,以不同角度和要求分别出现,就形成了随机进入教学的模式。

随机进入教学主要包括以下几个环节:

(1) 呈现基本情境——向学生呈现与当前学习主题的基本内容相关的情境。

(2) 随机进入学习——取决于学生"随机进入"学习所选择的内容,而呈现与当前学习主题的不同侧面特性相关联的情境。在此过程中教师应注意发展学生的自主学习能力,使学生逐步学会自己学习。

(3) 思维发展训练——由于随机进入学习的内容通常比较复杂,所研究的问题往往涉及许多方面,因此在这类学习中,教师还应特别注意发展学生的思维能力。

(4) 小组协作学习——围绕呈现不同侧面的情境所获得的认识展开小组讨论。在讨论中,每个学生的观点在和其他学生以及教师一起建立的社会协商环境中受到考察、评论,同时每个学生也对别人的观点、看法进行思考并作出反映。

(5) 学习效果评价——包括自我评价与小组评价,评价内容包括:①自主学习能力;②对小组协作学习所作出的贡献;③是否完成对所学知识的意义建构。

从上述建构主义学习理论的内容可以看出:

知识不是通过教师传授得到,而是学习者在一定的情境即社会文化背景下,借助学习过程中其他人(包括教师和学习伙伴)的帮助,利用必要的学习资料,通过意义建构的方式而获得。即认知是一种以主体已有的知识和经验为基础的主动建构。所以,学习的质量是学习者建构意义能力的函数,而不是学习者重现教师思维过程能力的函数。也就是说,学习取决于学习者本人,获得知识的多少取决于学习者自身的经验,取决于情境的营造,取决于学习者意义建构的能力,而不是取决于学习者记忆和背诵教师讲授内容的能力。而要达到这样的目标,教学就应该创设良好的环境氛围,激发学生的学习兴趣和学习欲望,让学生主动学习、主动建构。

学习,是学习者在自己有所追求下的行为。这种追求,有些是来自于自己的兴趣和爱好,有些来自于身边的压力(例如家庭压力或社会压力),有些则来自于环境的影响。正是这种追求和需要,才构建了学习者学习的动力,驱动了学习者学习中的自我建构,促使学习者完成知识的掌握和获得,前面的两个案例,也从事实的角度说明了这样一个道理。

我们经常能看到,有些家长总是在老师面前抱怨:这孩子就是不听劝,总是不会自觉的完成作业,看书复习。我们也会看到,有些成绩不是很好的学生,考试测验以后,在家长或老师批评的面前,很是懊恼,决心发奋努力,然而一周后或一段时间后,又故态复萌,回到了以前的学习轨道。这就是学习者缺乏自身的追求,或者说缺乏持之以恒追求的表现。这样的状态,不可能在学习过程中做到主动、坚持,也不可能在学习中完成自我建构。教学,就是需要老师借助于不同的手段,引导学生去追求、引导学生经常不断地巩固自己的追求,形成学习者持续的、稳固的内驱力。

我们再来看这样一个案例。

激烈海战在进行着,北洋舰队的炮管在射出了四发炮弹后,已经没有可以再发射的炮弹。"撞沉吉野!"致远号义无反顾地冲向了日本海军的旗舰吉野号,然而,终于饮恨陨落……

"亚洲最大的海军舰队北洋舰队就这样全军覆灭了,而甲午海战的失败则标志着洋务运动的失败。"

"是什么原因导致了洋务运动的失败,洋务运动的失败又能给我们什么样的启迪?这就是我们今天讨论的中心话题。"

视频放毕,历史老师的话音在讨论室缓缓响起。

"洋务运动时,中国的工业基础、经济基础太薄弱了。就像刚才我们看到的,海战中为什么没有炮弹了?因为我们自己不能生产,需要依靠外汇去购买啊。没有工业基础,洋务运动的失败只是早晚而已。"小A同学首先发言。

"洋务运动涉及的反动势力过于强大,也就是我们通常所说的保守实力太强大了,这可能是洋务运动失败最关键的因素。"小B同学从另一个角度进行诠释。

"我给大家阅读一段教材的说法。"小C同学站了起来。"洋务运动时,中国尚处于资本主义的启蒙阶段……洋务运动未能触及清王朝最根本的体制……"

……

"大家说的都有道理。但是,评价和判断一件历史事件,找出影响它的原因,需要有多方资料的佐证。这不是一段视频、一段对话、一段文字描述就可以定论的。"

历史老师打开了投影。"如果有可能,我希望大家去查一下下面这些资料。"

甲午海战的叙述;

时任日本海军大臣的谈话;

李鸿章回忆录;

历史书籍(如中国通史、中国近代史等)的叙述;

教材(包括中学历史教材、高校历史教材等)的叙述;

著名历史学家的评价。

投影屏幕上,一批资料的名称显示了出来。"我希望大家能去体验一下历史研究的过程与方法。"

这是一节历史学科的教学课程,进行洋务运动失败的原因分析和探讨。问题是清晰的,回答是多角度的。教师也没有给出答案,因为他希望学生不要简单地采用教材答案,而是自己去追求问题的解释。尽管这只是一个教学问题的追求引导,但是这种借鉴环境、借鉴问题、借鉴同伴的引导手段,还是很有新意的。

3 支撑建构的环境营造

环境的辨析

学习者学习的过程中,环境的营造是一个重要的因素。问题的情境,可以发展学生的兴趣、激发学生的学习追求;宽松的氛围,可以让学生打破约束、解放思维;合作的环境,可以让学生相互影响、相互鼓励;信息化环境,则可以让学生丰富自己的知识来源,主动获取实现建构。

但是,如果仅仅从宽松的、可以让学生选择的、有利于学生自主学习的等角度"以学习者为中心"营造学习环境还是不够的。按照《人是如何学习的》叙述,学习环境应该是"学习者为中心"＋"知识中心"＋"评价中心"＋"共同体"这四个视角共同建设的环境。知识中心有助于知识整体性、有助于知识活化、有助于知识迁移、有助于复杂水平上的思维、推理。评价则有助于过程落实、反馈调整、能力监测。共同体则包括了班级社区、学校社区、家庭、社会社区,也包括了信仰和态度。

对于环境营造的另一个问题,则是从学习的迁移的角度来进行分析。

学习的迁移，是指在一种情境下学习的东西迁移到新情境的能力，是判断学习适应性与灵活性的重要指标。从形式上看，迁移有横向迁移、纵向迁移、近迁移（相似任务解决）、远迁移（学校科目向非学校情境迁移）、正迁移、负迁移。我们希望的是学生能够由近迁移发展到远迁移，而尽量减小负迁移（某种经验干扰到相关任务）。在强调学习情境化的今天，过度情境化不利于迁移，而知识的抽象表征则更有助于迁移。这一观点在有思考的试卷命题、灵活性、适应性、能力的培养检测中，应该引起思考。

在环境氛围营造中，还有一个问题是值得关注的。这就是学生的优势学习方式。

根据优势学习理论，每一个学生都有自己的学习优势，它可能是时间上的，可能是内容上的，也可能是方式上的。让学生真正实现自主学习、主动学习、选择性学习，就要从时空上提供条件，在内容与方式的抉择上予以环境上的可选择性。这也是选择性学习、个性化学习的要求。要设计和策划有利于学生发展的学习环境和内容，激发起学生的学习兴趣，培养学生的学习能力。

理科生的转变

案例：小童同学是我们科技特长招收的学生，被分配在了理科班。他的数学、物理、化学等理科成绩十分优秀，语文、英语成绩也名列前茅。科技方面更有着超人的天赋，是学校参加十五届、十六届头脑奥林匹克比赛荣获全国一等奖的主力队员。但是，小童同学极不喜欢政治、历史、地理课程。用他的话说："政治太空泛，地理纸上转，历史只会回头看，文科老师说了算。"这些学科的学习，他自己定位只是应付形式而已。

政治学科的自选辩论课开设后，他开始的选择都是自学。或者自己专研数学物理作业，或者是上网完成他感兴趣的资料收集。那天恰好政治老师组织了"关于强拆"的讨论，他是应其他同学之邀才一起去旁听的。

老师首先播放了央视经济半小时的专题《关注强拆》，讲述了上海市郊一栋建筑面积四百多平米的私房被强拆的过程。屋主潘蓉为了阻止强拆，在自己的房屋上插上了国旗，唱起了国歌，向工程车投掷自制的燃烧瓶……视频被剪辑为七分钟左右，删去了主观的评论，保留了双方当事者的主要观点。

学生们的讨论十分激烈。从美国拆迁老太太的故事，到不断出现的钉子户事件，从宪法的人权保护,到物权法对公民财产的关注,百分之八十的学生出于对被拆户的同情、出于对以往新闻报道中强拆行为的不满,都站在了被拆户的立场。

小童同学被感染,也坐不住了。

"资本主义国家土地私有与我国土地公有是有本质区别的,我国的屋主只有房屋的产权,这是一个基本事实。城市的改造、世博会的配套、交通枢纽工程的建设是上海发展的大事,对全上海人民、对动迁居民的长远来说也是有好处的,这样的动迁应该要执行,拒不执行的应该予以处理。

但是我国从计划经济体制下的住房配给制,到上世纪90年代的住房制度改革再到《物权法》的出台,时间比资本主义国家短了很多,法律还不够完善,各项配套措施也没有跟上,政府转变职能过程中还有很多思想意识有待扭转,所以在动迁问题上社会矛盾比较集中。但随着社会正在向进步的方向发展,公民的权利在我国正得到越来越多的尊重,动迁中两次征询居民意见的制度实施等,都是这种进步的表现。我们应该以正面宣传和教育,促进这种变化。

在潘蓉案件中,动迁费太低,与上海高昂的房价根本无法相比,潘蓉一家利益受到严重损害,这是一个方面的问题。但潘蓉的房子原先只有两层,后来私自违章搭建了两层,使动迁面积变为四百平米,这也是不合理因素。所以对于动迁,应该用发展的眼光看待国家与个人的关系,有理有据,实事求是,避免偏激观点的产生。"

小童同学的分析得到了同学们的认可,称他为"典型的理科思维分析",老师也对他发言的条理、内容予以了赞誉。

从此以后,他喜欢上了这种"相互舌战"的辩论课,也策划了"中学生人情往来是否应该"、"历史螺旋上升中的科技是加速器吗?"等学生辩题,并成为班级参加学校文史节辩论赛的主力队员。

这是一个营造合作学习的案例。案例中,不仅辩论的氛围、内容,吸引了小童同学参与其中,"评价的环境"更是对他产生了积极的推动,这也正是他成为班级辩论主力队员的一个重要原因。环境对学习者的影响可见一斑。

现在的教育背景和社会背景下,我们不时听到家长们择校、选班、挑选班主任的声音,家长们的选择,绝大部分都是为了学校的环境、班级的氛围、班主任老师的凝聚力而进行选择,环境氛围的要求,也都成为了人们的共识。作为教学,更应该在营造学科学习环境、营造合作学习氛围、营造评价氛围等方面予以高度关注。

热的历史研究

我们再来看一下这个案例。

教学目标：

1. 从学科实践性、实验性的特点出发，通过对热学发展史的了解，帮助学生树立辩证唯物主义的正确观点。通过对物理学发展史有关内容的了解，激发学生学习科学、探索科学的兴趣，培养学生终身学习的能力和习惯。

2. 了解改变物体内能的方法；热量的物理意义；做功和热传递的本质区别；热力学第一定律。

能力目标：

自学研讨、发现问题和解决问题的初步能力。

教学方法：

讲述——自学——讨论

教学重点：

1. 改变物体内能的两种方式及其本质区别。

2. 热量的物理意义。

3. 自学阅读材料，发现问题，质疑先有的"热质说"。

教学用具：

1. 教材、教参等常规教具；

2. 阅读材料；

3. 教学媒体软件。

教学内容：

内能概念的复习：

内能：包括分子动能和分子势能。宏观上看，分子动能由温度所标志，分子势能由物体的体积所决定。内能的改变，可以通过做功和热传递的方式来实现。

做功的物理意义：

功是力的空间积累效应,也是能量变化的量度。做功可以使能量从一种形式转化成另一种形式。如：重力对自由落体做正功时,物体的重力势能将减少,而动能将增加。

热量概念的理解：

热的历史研究,

十七世纪：热是物体徽粒的机械运动；

十八世纪：热是特殊的物质（热质说）；

十八世纪末：热是一种运动；

十八世纪末：热是能的一种形式。

热是能量的一种形式——内能,热量是内能转移的量度。

热传递与做功都可以改变物体的内能,从这个意义上看二者等效,并有一定的关系（热功当量）。焦耳实验。

做功和热传递对内能的改变尽管等效,但有区别：

做功：将其他形式的能转化成物体的内能。

热传递：物体间内能的转移。

热力学第一定律

教学过程：

师生应答：内能概念的复习；做功的物理意义。

学生自学：历史上对于热的研究。

学生思考：伦福德、戴维的实验如何与"热质说"相矛盾。

教师讲述：热是能的一种形式。

媒体演示：焦耳实验装置,做功和热传递的本质区别。

本课小节：（略）

热的历史研究

（阅读材料）

外界对物体做功和物体之间的热传递都可以改变物体的内能。所谓的热传递是指高温物体和低温物体接触时,有热量从高温物体传递给低温物体。那么热量的本质是什么呢?让我们从了解前人对热的研究开始吧。

17世纪,一些自然哲学家如培根(Bacon)、波意耳(Boyle)、虎克(Hooke)和牛顿(Newton)等都认为热是物体微粒的机械运动。其中以培根的表达最为明确,他认为:热是物体微小粒子的运动,并据此解释了摩擦生热现象和物体相互碰撞,能产生热量的现象。但这种理论并不成功,因为如果热是运动,为什么会有热传递中的热量守恒呢?

18世纪60年代起,布莱克等人对热流体理论作了深入探讨,建立了热流体模型,指出热是一种特殊物质(后被称之为热质说):(1)热质是由自身彼此排斥,而被普通物质粒子所吸引的、无重量的微粒组成的流体,它不生不灭。(2)热质能扩散到所有普通物质的"空隙"中,并在普通物质粒子周围形成一个气层,这气层的密度随温度的升高而增加。(3)热的物质含有较多的热质,冷的物质有较少的热质。热质既不能产生,也不能消失。只能从较热的物体传到较冷的物体。热传递过程中,热质守恒是物体质量守恒的表现。

1787年,拉瓦锡把热流体正式称为了热质(Caloric)。确定了热的物质论或实体论,热质说相当成功地解释了两个不等温物体混合(接触)后达到同一温度的问题,热膨胀问题说明了混合量热的规律,并引进了热量的单位,卡。从18世纪80年代起,在整个欧洲,热质学占了统治地位。

1798年,伦福德伯爵(Count Rumford)原名本杰明·汤姆逊(Benjamin Tiompson)在慕尼黑指导军工生产时,惊奇地发现,钻头加工炮筒时,炮筒短时间内就会变得非常热。而且钻孔不停,就会不断产生热,好像物体中热是取之不尽的。并且钝的钻头比锐利的钻头产生的碎屑少,而产生的温度高。因此,他认为热不是一种物质,只能是一种运动。

1799年,戴维(Humphry Davy)做了另一个实验,用两块冰相互摩擦,可以使之完全熔化。据此,他也得出了与伦福德相同的结论。

请思考:

i) 以上两个实验如何使热质说自相矛盾。

ii) 伦福德和戴维都提出了新的观点:热不可能是一种物质,只能是一种运动,你同意吗?

  这个案例也可以说是"支架式教学"的模式。它营造了激发学生自主学习、主动学习、有追求的学习环境。学生的主要学习方式是文献资料的阅读、讨论、分析,用自己的判断去学习思考。教师的教学重心主要放在了问题的引导、放在了学生自主学习资料的提供和思考的设计中,使学生的自我学习、主动学习,不仅有主线、有方向,也有清晰的内容。

  事实上,对于环境的营造,已经是教学中为广大教师所共识的问题。"环境能够影响人"、"环境能够改变人"也已经为无数教学实践中的案例所证实。前面提到的小童同学的故事,就是一例。

  合作学习的形式有多种方案。全班同学共同开展对某一问题的讨论;小组为单位开展的对于相同问题或不同问题的讨论;局部的座位前后的同学组成的小组讨论;某些具有共同兴趣爱好的同学组成的小组讨论等。但是不论哪一种形式,讨论中都应该注意讨论的广泛性,要争取让所有人都能发表自己的观点,融入到讨论的氛围中来,暴露自己的思想,陈述自己的观点,开展同伴互助,达到学生每个人认识水平和思维水平的提升。如果在合作学习的讨论中,只有少数学生成为"主题发言"的"小老师",其他人都成为听众,把讨论变成了演讲,这是不可取的。尽管参加讨论的每一个学生,由于基础不同、对讨论的内容理解不同,但作为讨论的组织者(可能是教师、也可能是学生),一定要鼓励参与者踊跃发言,敢于亮明自己的观点,这是在教学中营造合作学习环境的第一个出发点。

  营造合作学习环境的第二个出发点,则是要注意在讨论中开展学生思维的交流,能够引发学生思维的深度碰撞。

  讨论与演讲、与主题发言是完全不一样的两种形式。讨论的目的,是要让某一种观点能够在面对他人的"质疑询问"中,展示其正确性,或者是在他人的帮助下进一步完善。对于错误的观点,也需要在他人的帮助下,让观点的错误暴露出来,使观点持有者能认识自己的错误,从而放弃这种错误,接受正确的结论。学生的思维或思考,与成人、特别是与教师的思维或思考往往是不一样的。学生思考或者思维的出发点,大多始于他们的感受和经验,可能具有一定的局限性或不正确内容。但却又是为学生群体的同龄人所能理解与接受的,即使对于这些局限或不正确的内容,他们也会从同龄人的角度去思考或辨析。因此同龄人之间的辨析与纠正，往往更具有针对性，学生的发言往往能使其他学生更能"听得进"。而此时教师的解释倒未必是最有可接受性。

在这方面，我自己就有切身的体会。

那是求解一道物体平衡问题的教学。

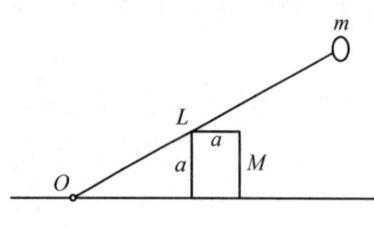

题目是这样的：一根质量均匀、长为 L 的硬杆，一端处于可转动的 O 点，一端固定一个质量为 m 的小球。硬杆放在用手扶住的、边长为 a 的立方体木块上，如图。如果所有的摩擦都不计，放手以后，当硬杆由初始的 α 角变为 β 角时，木块沿水平方向的速度为多大？

这个题的求解思路是这样的。随杆转动，小球的重力势能减少，转化为小球的动能与木块的动能。硬杆转至 β 角时，小球的速度沿圆弧轨迹、垂直于杆。木块的水平速度，在与硬杆接触点可以分解为平行于杆和垂直于杆两个方向的分速度。其中，接触点垂直于杆的速度与小球垂直于杆的速度之比，应等于木块与杆接触点至 O 点距离与小球至 O 点的距离之比。注意到木块与杆接触点至 O 点距离，在杆与水平成 β 角时可以通过直角三角形关系得出，本题即可解得。

但是分析这个题目时，对于木块的水平速度，可以在与杆的接触点分解为平行于杆和垂直于杆两个分速度的环节上，始终有几个同学弄不明白。我连续讲了几遍，那几个同学仍然似是而非、是懂非懂。我就此组织了学生小组关于矢量分解的讨论，我也特别关注了学生的相互解释。一个物理学习基础较好的学生，在桌面上铺了一张白纸，放置一根在某处标了记号的铅笔（相当于硬杆初始 α 角时与木块接触点），在纸上先记录下来这点。再用手固定了一端，让另一端转动了一个角度。在纸上铅笔的新位置上再标出一个点（硬杆转至 β 角时与木块接触点）。连接这两个点（木块与杆的先后接触点），然后向刚才不太明白的同学开始了解释。

"这两个接触点的连线明明是水平的，为什么要分解呢？"

"分解是要按照运动的实际效果来进行，两个接触点的运动并没有其他效果啊。"

那不太明白的同学的问题也提出来了。

"噢，你的研究对象是木块。但如果以 O 点为参照，杆上接触点的运动轨迹你怎么看呢?"

"以杆为研究对象,从开始的点到后来的点,就可以用转动与平动来实现。"

非常直观的图解,一下子就使原本不太明白的同学豁然开朗了。

后来我反思了这一段的教学过程。学生困惑的原因是研究对象选取不同而产生的,而我则认为学生的困惑是对速度分解本身的处理不够理解,我的解释多多少少缺乏了针对性,所以没有真正解决学生的问题。而在学生的合作学习方式中,学生困惑的原因才真正暴露了出来,也正是在学生的合作学习方式中,学生的困惑才通过同伴的帮助予以了解决。

上述这个案例中,学生的合作学习还算是"风平浪静"的。但有时学生思维的深度碰撞,则是"狂风暴雨"型。这既是学生这个年龄段所特有的性格特点——相信自己、敢于争论、不轻易服输所决定的,也是教师营造合作学习的教学氛围,给学生提供平台时学生"表演欲"的体现。只要这种争论或者辩论是理性的,没有出现有辱斯文的现象,哪怕程度比较激烈、情绪比较激动,也没有什么不可以。合作学习中,学生讨论的问题,有些会牵涉到科学性问题,牵涉到方法问题,有些则可能是对某种方案的优劣性争执。对于前者,教师可以参与其中,利用反例让学生更为全面的思考,甚至在必要时,对全体学生进行指导。对于后者,教师未必需要直接给出自己的观点,可以让学生在辨析中获得自己的选择。

比如,在进行光的波粒二象性教学时,对于微波的性质,学生在讨论中就有着激烈的争论。有些学生认为是"光的粒子性"作用,也有些学生则认为是"光的波动性"作用。到底应该怎样界定微波的性质,教师并没有直接给出答案,而是组织学生通过查找资料文献,学习微波管的工作原理、翻阅微波炉的说明书,使学生们最终确定了微波的传播过程、微波与食物的作用过程分别属于两个不同的过程。也更加理解了"光在传播过程中更容易表现为波动性,在与物体作用时更容易表现为粒子性"的波粒二象性。

在进行"磁场的应用"教学时,学生讨论中也出现了争论。磁悬浮列车是依靠轨道与车体的"同性相斥"吗?有的学生甚至直接向教师提出了这个问题。同样教师也没有直接正面回答学生的问题,而是组织学生进行了相关文献资料的查询学习。通过对磁悬浮的德国模式(图 a)、日本模式(图 b)、上海磁悬浮模式(图 c)的了解,最终明白了轨道与车体"同性相斥"确实是可行的,但是上海采用的则是轨道支架与车体支架的"异性相吸"模式。

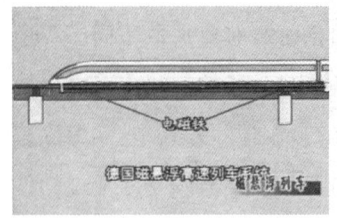
图 a

图 b

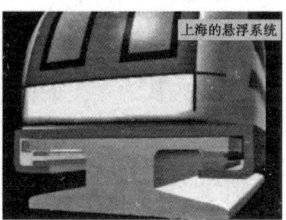
图 c

合作学习过程中,学生思维的深度碰撞,不仅能在辨析过程中发现自己同他人的错误与不足,相互取长补短,完善自己的观点。还可以使学生借助于对自己立论旁证的过程,开拓自己的视野,获取更多的知识与方法,更新自己的知识结构,提高学习建构的水平,这是我们最希望看到的,在这种情况中,合作学习体现出了它应有的环境营造的价值。

合作学习环境氛围营造的第三个出发点,则是要设计可以让学生真正讨论、"有感而发"、"有话要说"的问题,通过合作学习过程,调动学生参与学习的积极性,发展学生的思维,在辨析中解决这些问题。如果不是这样,仅仅是为了形式的需要,图课堂教学的"热闹、活泼",那合作学习的设计组织,就只能是形式上的,而非本质上的。合作学习要打造良好的学习建构氛围,支撑学生学习建构过程中的学习兴趣,丰富学生学习建构的形式和方法,让学生在学习中具有更多的自主选择与兴趣选择,充分体会同伴互助的作用与优势,使学习建构者本人获得更多的学习经历。如果背离了这一点,只是形式上的"合作学习",不能真正激发学生参与合作学习的乐趣与主动性,不能展示学生合作学习中的才华,只能使学生感觉教师组织学习的"无味"、甚至反感,这样的环境营造,与教学设计上的希望只能是背道而驰。

问题情境的环境

环境营造中的另一类典型,则是问题情境的营造,我们再来看这样一个案例。

静电除尘现象的教学

通过实物投影仪,讲台上的装置被清晰的投放在大屏幕上:一个广口瓶,橡皮塞中央插了一根铜棒,瓶身外绕了几圈粗导线。一个直流高压电源通过开关,一端和铜棒相连,另一端和粗导线一端相连。老师向同学们介绍了各个装置后,打开橡皮塞向瓶中喷入了浓烟,然后塞紧瓶塞,只见瓶中烟雾弥漫、一片浑浊。然而随着开关闭合、五万伏高压的加载,瓶中的烟雾浑浊立刻消失了,瓶中又重新恢复了清澈透明。

同学们被这像魔术般的"表演"完全吸引住了。数秒的沉寂后,教室里开始了热烈的讨论。同学们三人一组、四个一群,一边分析、比画,一边争论、说理,几个同学甚至还围住了讲台,仔细地审视着各个装置,大家都想尽快搞明白这烟雾是怎样消失掉的。老师在教室里巡视着,一会听听东面同学的观点,一会又在西面同学的讨论中插进几句。几分钟后,老师将同学们的观点进行了集中:(1)瓶中形成了磁场,烟雾分子因磁场吸引而消失;(2)瓶中形成了电场,带电粒子因电场力作用被吸附到铜棒和瓶壁上。

"瓶中怎么会有磁场呢"? 有同学开始质疑了。"铜棒和导线没有构成回路,没有电流,不可能形成电流的磁场"。"我们撤消观点",也许是被"点中了要害",提出磁场的同学接受了其他同学的观点。全班同学的意见开始趋于统一了。

"烟雾中有带电粒子吗? 通常的物体都是电中性的呀"。老师开始了新一轮的问题。教室里重新寂静了,也许是同学们都没有想到的缘故吧,大家都不知该怎样回答,讨论也开展不起来了。

"我为大家再重新做一遍实验。不过,这次我要调整电压,请大家注意瓶中的效果"。老师说着重新开始了操作,只是瓶中充满烟雾后,电压调到了三百伏。"没什么效果嘛",有同学开始小声议论着。电压继续上升了。五百伏、八百伏……每隔几秒,电压就重新调节一次。当电压达到三万伏时,瓶中的"魔术"再次重新出现了。

"为什么电压低的时候没有效果,一定要几万伏的高压呢?"、"是啊,几百伏也应该有电场,照理说也应该对带电粒子有电场力呀?"同学们又一次被激发了。这次,问题的关键变成了为什么要加载高压,高压的作用效果到底在哪里?

"即使是低压,电场还是存在的,没有效果,只能说明烟雾粒子不是带电粒子。"

"高压产生了效果,说明高压时烟雾粒子应该是带电的。"

"低压时粒子不带电,高压时粒子带电,难道粒子是被催化了吗?"

"电离,对,是电离。高压使电中性的分子电离了。"

"电中性的分子被电离,形成了带电粒子,带电粒子在电场中受电场力作用运动,吸附到瓶壁和铜棒上,烟雾就消失了。"

同学们在讨论、研究中,"静电除尘"的解释终于完成了。

这个案例也可以认为是"抛锚式教学"的案例。

这个问题情境给学生的印象很震撼。几万伏的高压,学生平时生活中是很少接触的。这样的高压在极简单的装置上,瞬间表现出了奇特的除尘效果,一下子就把学生的注意力紧紧抓住了。"为什么高压能除尘?"、"除尘的原理是什么?",学生探究的欲望、思维的火花,立刻就被点燃了,教学活动的开展,也成了水到渠成的必然。

问题情境带给学生强烈的冲击与震撼,这样的案例在物理教学中还有很多:高高竖起将近三层楼高的盛水玻璃管演示大气压强、充满速度的F1赛车在弧形轨道上的翻车、仅用家用电磁炉就可以点亮LED灯泡等等,既充满了神奇、又为学生学习兴趣的激发起到了"无声胜有声"的效果。

建构主义的学习理论告诉我们,学习的建构是要由学习者本人来完成的。教学的一个重要目的,就是要帮助学习者建构,支持学习者建构。所以激发学习者的兴趣,让学习者在兴趣的引导下,愿意参与学习,能够主动学习、主动研究,达到自我主动建构境界,就是问题情境或者说问题环境营造的第一个功能。"兴趣是最好的老师",指的就是这个意思。

问题环境营造的第二个功能可以从两个角度来说明。

第一,是为"问题解决"教学策略设置了基本环节。

第二,则是为学生的"问题探究"的学习模式,提供了学习与研究的素材和内容。

从教学法的角度看,"问题解决"的教学策略,也属于"抛锚式教学"的范畴。在"抛锚式教学"中,"问题"就是教学中抛下的"锚"。教学活动的展开,都是围绕着这个"锚"来进行的。那么从什么角度设计、提供"锚",通过什么样的方法来解决"锚",解决"锚"问题要达到什么样的教学目的,这就取决于对"问题解决"教学策略的理解与设计,取决于教师的教学智慧。但是,不论怎样去理解"问题解决"或"抛锚式教学"性质与方法,问题环境营造(即问题的设计)一定是教学最基本的第一环节。

案例：电磁感应现象应用的教学节选

教师：家用轿车的普及率现在已经很高了，不少同学家中都有私家车，许多同学的父母也都是司机。但是开车的一个重要内容是不能超速，否则不仅将受到违反交规的处罚，对于乘车人和其他人也会由此受到伤害，请大家看这样几个超速车祸的视频（环境营造）。

教师：那么如何测量、控制车速呢？

学生：测速探头，进行雷达测速。

教师：对，那就是速度传感器。我们已经基本了解了它的原理。但那是外部的测量。如何能对自己驾驶的车辆进行速度测量呢？

学生：转速表嘛，每辆车上都安装有的。

教师：转速表的原理是什么？

学生：转速传感器，我们家车上次在4S店检修，就是更换了转速传感器，所以我知道。

教师：车辆就是利用转速传感器来测速的。（教师给出了转速传感器的原理图如图a）

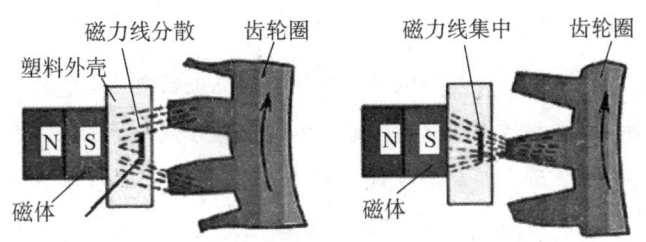

图a　利用磁通测量汽车转速原理图

教师：根据这幅图，请大家讨论一下，传感器测速是如何完成的。（问题的抛锚）

随即，学生们开始了小组讨论。（合作学习）

不一会，学生们开始了顺序发言。

学生A：齿轮，相当于楞次定律实验中的软铁。图中前半幅图，磁感线分散到达齿轮，通过线圈的磁通量较小。后半幅图像中磁感线集中到达齿轮，通过线圈的磁通量较大。这种差异就可以实现对转速的测定了。

学生B：塑料外壳中的线圈，由于磁通量变化，一定可以产生感应电流，测速应该

35

是由于这种电流引起的。

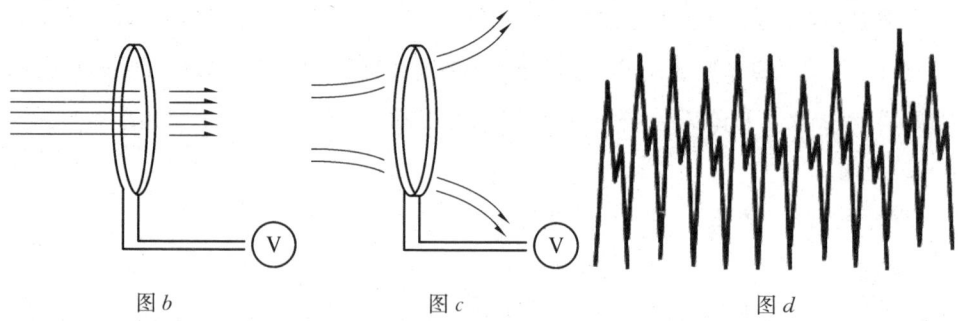

图b　　　　　图c　　　　　图d

学生C：线圈的磁通量变化应该是周期性的。即疏—密—疏—密的变化。如果齿轮随车的主轴转动,齿轮的转速不同,这种变化就会变快,反之,则变慢。

学生D：我想线圈的磁通量变化可以看成图b和图c,感应电压是会随着磁通量变化率变化。可能的图形很难想象。

学生E：电压肯定随转速周期变化而变化,变化率的直接影响应该的电压峰值。所以我也设想了电压的图像。图d。

至此,教师抛锚的问题在学生的讨论中解决了。

在这一段内容的教学中,教师的目的就是通过汽车测速这个传感器实际应用的例子,来复习磁场及电磁感应中的软铁功能、磁通量变化、磁通量变化率以及感生电动势等相关概念。事实上,现在的高中物理教材中,已经出现了对汽车ABS的介绍,所以汽车测速问题的设计,可以说与教材的内容是基本吻合的,是经过教师精心设计与挑选的,也是可以为学生接受的。

问题情境的环境如果设计的好,不仅为"问题教学"带来生气,还会给学生的学习建构一种亲近感,使学生能够用自己的经历来说明问题求解的思路,使问题的求解更具有通俗性和说服力,这正是教学中我们非常希望看到的情形。

例如,在学习直流电路"电源的连接"时,就有学生在课堂上向大家介绍：如果一辆汽车因为电池没电不能启动时,就可以通过另一辆汽车来帮助没有电的汽车进行启动。这时两辆车的电池连接,就采用了后一辆车与前一辆车电池并联的形式。

再比如,"逻辑电路"相关内容学习时,对于单一逻辑门组合起来的复合门的功能解释,也有学生在黑板上用自己电磁开关的设计,向其他同学说明电磁开关的动作,可以使输入的两路信号,一路信号通路,另一路信号断路,从而解释了该组合逻辑门的功能和用途。

问题环境的设计,除了给教师的教学模式以"用武之地",也为学生的学习和研究提供良好的素材。只要是合适的问题,往往会强烈激发学生的问题求解欲望,形成主动探究、拓展探究的教学过程。

案例:水流功率的测定

能量的转化与守恒是现行高中物理教材中的内容,也是基本能量形式(动能、重力势能、弹性势能)学习之后的一个内容。尽管这一内容是为了加强学生对能量概念的理解,加强对自然界能量转化的认识,了解能源开发和节能的意义,在内容上显得十分重要,但这个内容的实验活动在教材上却几乎没有。如何组织这个内容学习时的实践活动呢?L老师觉得可以设计"水流功率的测定"帮助学生开展实践活动。

提前两天通知了学生后,实验室里的教学开始了。

L老师再次明确了"水流功率的测定"的问题,同时介绍了流水模型中的抽水机、水流通道等,随即就放手让学生开始了活动。

一个小组带来了玩具水轮机,希望通过水轮机叶片转动的测量,间接测出水流的功率。

一个小组将白纸剪成了一小块一小块碎片,放入水中,通过纸片的飘移的测量,来确定水流的流速,进而测量水流的功率。

另一小组,将塑料片安装在轻软弹簧上放入水中,希望通过水流对弹簧的压缩,由弹簧势能推算出水流的动能。

还有一个小组则在水流出口下方放置了台秤。当水流稳定流出打在台秤上时,显示出了力的大小,他们希望能从动量变化上得到些什么。

一时间实验室热闹非凡,读数声、报时声、争论声此起彼伏,数据也被各个小组一一测得,整理成表格,结论似乎也得出了。

如何验证这些结果呢?最简单的就是与提供水源的抽水机功率比较。抽水机的输入功率可以从抽水机的输入电压与输入电流获得,按照说明书介绍的效率,再加上一点损耗,基本上可以认定是抽水机的输出功率,亦即水流的功率。

但是没有一个小组的结论与之相近,差距太大了。

失败后的反思,流体动能的计算方法被提了出来。

按照流速的大小截取同样长度的水流,测量出水流的截面积,水的密度为已知恒量,水流的功率就可以通过测量而计算出来了。

重新开始的实验很快完成了相关数据的测量,计算结果与抽水机的输出功率也吻合了。然而在这节课的学习总结时,学生把这样对于流体功率计算的方法,成功迁移到了对于风的功率的计算(需要知道风的密度)问题上,迁移到了由于电子移动(速率已知)而引起的电流大小问题上,这就使问题的范围进一步拓展,丰富了学生学习与研究的内容。

问题情境设置、问题环境营造的第三个功能,就是学生能够实践问题解决的方法,升华了自己的知识结构。其实,在日常教学课、习题课、复习课中,都可以通过问题情境的设置营造环境。以物理学科为例,问题可以是科技知识的内容、科技社会应用的问题、甚至是学科的习题问题。只要这些问题能够给予学生问题解决方法与过程的实践,能够展示学生的各种创意,能够对已经学过的知识进行理解与应用,就可以在教学中使用。对于教师,则需要在教学中一方面关注学生问题解决的方法,另一方面,应当关注学生问题解决时的体验与感受,帮助学生在学习建构中对于知识结构质量的提升,帮助学生对于知识结构的拓宽与凝练。这就是问题情境设置、问题环境营造的第三个功能的含义。

我们来看一个案例。

这是一节习题课的教学,给出的问题是这样的。

一根质量为 M 的均匀杆,一端放在半径为 R 的光滑圆弧中的 B 点,一端靠在光滑的竖直墙上的 A 点,如图。如果均匀杆此时与水平成 α 角,试求杆的长度为多少。

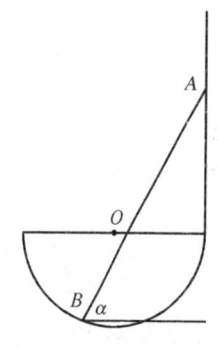

这个题目的求解是这样的。利用力矩平衡的方法求出杆在 A 点受到墙壁给 A 点力的大小(方向与墙壁垂直),再根据非平衡力系三力平衡一定交于一点的性质,将杆在 A、B 两点的受力(B 点受力过圆心 O 点)与杆受到的重力,延长至这三力的交点并做出力

的合成三角形。这个力的三角形,与OB及O点向下延长至图中水平线交点的线段及B点到该交点的线段组成的三角形相似,即可算出B点到O点向下延长至图中水平线交点的距离,这个距离再加上半径,就是B点到墙壁的水平距离。然后由三角关系,就可以求解出杆的全长。

  这是复习了共点力平衡、力矩平衡、一般物体的平衡后的习题课,问题的设置也不具有什么典型性,只是一道需要有分析思考要求的习题。问题的求解过程学生很投入也很认真,在学生自己的讨论分析中,这个问题被解决了。但是问题解决的方法归纳与问题解决的学生总结,教师则是通过随之而来的第二个问题的设计,让学生进一步感受和体会。

  水平面上放置了一个质量为M、半径为R的无底无盖的筒壳,内放有两个光滑的、质量为m的、半径为r的相同小球,且知$2r>R$,如图。试问:m与M应为怎样的关系,可以满足筒壳不翻倒的条件。

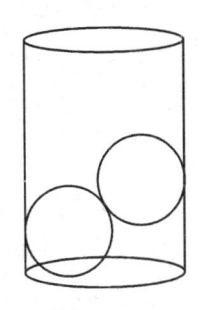

  这个题的求解首先要以筒壳为研究对象。如果筒壳翻倒,其临界条件应是上方球、下方球给筒壳的力对筒壳右下角顶点为轴时形成的力矩,以及筒壳自身重力对该点力矩的平衡。据此可以求解出上方球、下方球给筒壳的力的大小(这两个力的大小相同)。再注意到上方球在这里属于共点力平衡,上方球自身的重力、下方球给上方球的支持力、筒壳给上方球的弹力,满足力的合成的三角形,与两球心连线及竖直线段(上方球起点)、水平线段(下方球起点)组成的三角形相似,就可以找出了m与M的关系。

  问题的求解完成了。对于问题求解过程中方法的使用,以及学生在求解过程中的感悟交流,也在教师的组织下开始了。

  "这两个问题都属于一般物体的平衡,都是力矩平衡条件与共点力平衡条件的共同使用"。这是小A同学两个习题问题解决后的总结。

  "力矩平衡解决了未知力的求解,共点力平衡中的相似处理,则解决了力的三角形与结构三角形的对应尺度关系"。小B同学如是说。

  "小B同学的说法有问题,力矩的处理也可以求解相应的结构尺度"。小C同学提出了质疑。

  "这两个题目都是先用力矩求解出某一个力,再通过共点力平衡完成其他计算,可否这样认为,凡是一般物体平衡的问题,都可以先使用力矩平衡的方法?"小 D 同学提出了假设。

"第二个问题给我蛮大的启发,有些问题大概就是需要采用逆向的分析。什么叫不翻倒条件,我看不明白,那就考虑什么是翻倒条件好了"。小 E 同学谈起了自己最为深刻的一点体会。

"两种平衡都可以求解未知的力,也都可以求解结构的尺度,关键看研究对象受到了几个力。大于三个力,或是平行力系,就只能力矩优先或是正交分解处理"。小 F 同学似乎边思考边发言。

"为什么这两个问题的求解,都没有用到正交分解的办法,难道正交分解法不可以使用吗?"小 G 同学好像对正交分解的方法没有使用耿耿于怀。

"第二个问题中,对于上方球的共点力平衡我就是用正交分解来计算的"。小 H 同学在听了小 G 同学的疑问后,反唇相讥了。

……

交流最后的共识:既有小 F 同学的观点,也包括了小 G 同学的说法,同时还吸收了小 E 同学的体会。交流的内容也涉及到了思想方法、分析方法和计算方法。这样的问题解决后的总结交流,不禁使人赞叹。对于学生问题解决的理解,也予以了更为深刻的启示。

教学为了什么?不就是要让学生在学习建构的实践中不断反思,在反思中不断成长成熟,优化自己的知识结构与建构方法吗?问题情境的设置、问题环境的营造,支撑了学生的建构,支撑了学生的发展,值得我们在教学中大力提倡。

设计问题情境、营造学习氛围时,关于问题的设计是一个需要特别注意的问题。

问题的设置最好是学生较为熟悉的,身边出现的或者是在社会生活中为学生有所了解的,或是科技发展中的一些热点问题。这样的问题既可以使学生对它有一种熟悉感、亲近感,产生强烈的问题解决的欲望,也可以使学生感觉问题的解决具有可能性,能够树立起问题解决的自信心。当然这种解决的可能性包括了资料文献学习的形式、实验的形式、计算的形式等。如果问题的设置只是单纯地追求震撼或刺激,脱离了学生现有的熟悉度与理解力,问题的设置也只能是教学中的装饰品。

我曾经在课余时间与学生交流过一些问题。比如关于地热发电的问题。学生对此基本上不甚了解。有些学生认为是地下热水形成高温高压蒸汽，冲动蒸汽发电机。也有些同学认为就是地下的可燃气体，点燃后加热水冲动蒸汽发电机。还有的则认为是地下土壤与岩石所具有的高温，用它加热水后，冲动蒸汽发电机。如果学生对这个问题既不熟悉，关于地热发电就应该避免成为问题的设置。

再比如，关于GPS的问题。学生对GPS的使用是比较熟悉的。但是对GPS的工作原理、GPS的工作过程、GPS的形成方式却并不熟悉。如果用"北斗"为什么定位比美国GPS定位的精度高？"北斗"与美国GPS的区别在哪里？这一类型的问题作为问题设置，也应该是避免的。

还有，运动物体所受阻力与物体运动速度的平方正比关系。学生就告诉我，这只是在习题中看到的结论，原因和出处根本不知道。如果这样的问题作为问题设置，显然也应该避免。

还有一些问题，设置时应该特别注意科学性与应用性，不要在这些方面犯错误。

例如，在直流电路滑动变阻器教学时，教师的开场白就是这样问题设置的。"舞台表演我们大家都看过。当演员表演时特别是舞蹈、街舞表演时，变换的灯光时而颜色变化，时而亮度变化，为演员的表演增加了精彩，营造了舞台表演良好的氛围。可是有谁知道灯光的这种亮度变化是如何实现的呢？"

学生当时的猜测讨论很热烈，最后也回到了滑动变阻器可以改变电路电流的主题。但是这样的问题引入合适吗？滑动变阻器充其量只能改变小电流类用电器（如书写台灯）的电流。舞台灯光则是由彩灯、射灯、区域灯等数十个灯光组成的，它们同时使用时形成的电流足够得大，这种情况下是绝不会使用变阻器来进行亮度变换的。如果教学中用这样的问题进行问题设置，就出现了科学性与应用性的问题。如果教学中教师没有对此进行补充说明，那就会形成学生认知建构中的误区。

问题设置中还要注意的是问题引导的指向性。每一个问题的求解都需要一定的知识基础，可以是已经学过的内容，也可以是即将开始学习的内容。每一个问题的求解都需要一定的方法，资料学习、实验操作、讨论分析、教师指导讲述等等。问题的设置应该与教师的教学要求、教学设计期望相互对应，明确问题是兴趣引导型的、真实问题求解型的、需要实验发现型的、需要学生开展讨论型的等，使问题设置具有清晰的指向性与目的性。

创新实验室中的时代脉动

环境的营造,对于学生学习的建构,有着重要的意义。问题情境、探究情境、合作讨论情境、教学平等情景等等,可以归结到软环境建设的范畴,而创新实验室建设,则是属于硬件的新型学习环境建设范畴。

一、中小学创新实验室

中小学创新实验室是在上海市课程教材改革的大背景下诞生的。截至2016年底,全市各中小学创新实验室建设的总数量,已经超过了1100个。创新实验室的出现,极大地丰富了中小学生在校学习生活的内容,拓展了学生在校动手实践、想象创造的空间,对学生兴趣特长进行了早期聚焦,对学生的志向、爱好进行了有益的引导,对学生创新精神和实践能力的培养、个性化教育的实施,提供了良好的环境氛围和硬件基础,也提供了青少年培养工作的具有可操作性的路线和途径。为上海市教育改革和人才培养模式的创新,书写了绚丽重彩的一笔。

创新实验室可以界定为"以构造创新环境、培育中小学生创新素养为目标的实验室"。它应该具有三个典型标志。第一,与传统学科实验室相比,创新实验室在内容上,基于学生的学科知识又超越学科知识,更多地聚焦在学生的兴趣、特长方面,聚焦在学生自己发现身边的实际问题或社会热点问题方面。第二,在实验的探究上,不再具有类似于学科实验中的、较为确定的操作步骤和目标,探究的指向、研究的方案、探究的方法、探究的生成性问题的处理等,往往需要学生自己去设计。这就给了学生在创新实验室的学习中更多的想象和活动的空间,为学生思维的解放、动手能力的提升、合作学习的体验,提供了良好的环境与平台。第三,创新实验室的硬件环境,基本上都是学校个性化的。可以是较为先进的、也可以是较为普及的,既可以是自然科学类的、也可以是人文学科类的。

这里不妨来看一下市西中学《大气环境实验室》的建设案例。

这是2014年的4月。

科罗拉多大学参观团一行,已经在市西中学的创新实验室里观察了一个多小时了。突然校长先生开口了:"你们的理工科、环境方面的实验室这样出色,为什么不再建设一个大气环境监测实验室呢?如果这样的实验室形成,从这里走出来的学生,我们承诺,科罗拉多大学一定为他们来我们这里深造开辟绿色通道。"

这位美国国家环境总署的前署长,自从挂帅科罗大学校长后,强力开展了环境教育,不仅学校的环境科研经费增长了近百倍,环境专业成为了全美乃至世界的一流专业,而且环境方面的一些核心指标如PM2.5等,也都是由他们最先提出并向全球发布的。而他现在的建议,无疑为市西中学实验室的建设又提出了新的方向,

生物、化学、地理学科联合教研讨论会召开了。

作为上海市环境教育先进学校,这几个教研组真可谓功不可没。上海市众多水域的污染化验及报告呈送、人类指甲的生长研究、化妆品及地沟油的检验分析、生物竞赛与化学竞赛的全国金牌、地球小博士数百篇的获奖论文、报送联合国教科文组织的中学生论文……随便拿出一两项,都是顶级的教育成果。这次的联合研讨,科罗拉多校长的提议就是主题。

"我们已经有了水质、植物、土壤、光污染等的环境监测与研究,有能力也有必要开展大气环境的监测研究";

"当年的《大型绿地对环境的应用与改善研究》,已经涉及到了大气环境的影响,可惜当时我们缺乏实验条件,不然这个课题的研究,完全可以进一步深入";

"环境教育的发展,创新实验室应该提供支撑,大气环境实验室的建设势在必行";

"大气环境实验室将是复合型、综合性的,实验室的手段和数据等,将是我们几个学科的共享资源,从这个意义上讲,我们支持大气环境监测实验室的建设"。

……

大气环境监测实验室建设的意见征询会,成为了这一实验室建设的"誓师大会"。

大气环境监测实验室课程的提纲和教材编写由地理教研组承担了。

在充分提取其他教研组的意见后,第一稿完成了。学校与华东师范大学环境工程国家重点实验室取得了联系。师大方面派出了在国外多所大学和研究室任职、联合国环境研究的顶级教授和博士生,不仅对初稿进行了指导,还承诺了对市西实验室的部分资源开放以及教学指导工作。第二稿修改后,学校不仅请教研组进一步打磨,听取了市区专业机构专家和教研员的意见,还主动将修改稿送至科罗拉多大学征询意见。

前后13个月的时间,大气环境实验室课程的方案和教材终于完成了。

接着,实验室的硬件建设开始启动,仍是在专家的指导下,2016年3月,市西中学大气环境监测实验室的软、硬件建设全面竣工了,市西中学的环境教育又开辟了新的内容。

创新实验室课程的建设,与社会生活接轨,与科学技术的发展接轨,既具有不同的内容(传统的、新鲜的),也具有不同的周期(长课程或短课程)和充分的选择性与灵活性。满足了学生理论学习和动手实践相结合的需求,具备学生创意自我实现的要求。凸显了自主学习、个性学习的特点,呈现了团队学习、合作学习的风格。

而在教学方面,不少学校的创新实验室先后形成了"师生互动"、"师徒学习"、"半野生学习"、"专项任务驱动"、"专项参观"、"学长带教"等教学模式。在这里,教学目标不是唯一的,"生成性问题"、"联想性问题"的解决,往往成为了课程教学中教师和学生更为关注的重要内容。

市西中学的《F1工作室》是一个模拟F1赛车在赛道上的计时比赛项目的实验室。这个项目,不仅需要学生自己设计并制作赛车、调节轨道、完成电子计时和相关运动的同步,还整合了学校原有汽车、模型、机器人三个实验室的部分实验内容。这个项目需要模拟市场的运营,组建学生"市场团队"、"理财团队",由学生自己宣传策划、联系项目赞助、进行社会经费募集,类似于真正的赛车队进行各种财务运作。另外项目还要求学生自己设计队服、LOGO、海报、展台、纪念品,开展宣传造势,也类似于真实赛车队的赛车宣传活动。在工程方面,需要组建"工程团队",由学生自己确定设计师、工程师、工艺制作师、保障师等,明确分工、通力协作。项目融科技活动与人文活动于一体,融校园生活和社会活动于一体,具备了真实生活的原型和场景,深受学生的喜爱。

这个实验室的教学,既有教师教授(如空气动力的内容)、学长指导(如项目规则)、团队讨论(如汽车的鼻翼设计),但更多的则是反思。市场宣传与募捐失败的反思,车体设计打印(3D打印)的反思、数控机床加工失败的反思、尾翼破坏的反思、速度不达标的反思、赛车失控的反思等等,使学生学习实践活动的构建充满了活力。

二、创新实验室课程开发的特点

在创新实验室的建设中,课程的开发和建设,是一个需要重点关注的内容。

从课程论的角度看：一切具有确定的目标、计划、内容、组织、反馈等课程元素的教育活动，都可以归属于课程的范畴，成为课程中确定的类型。而课程系统中的硬件建设，一定以课程的目标为引领、服务于课程的软件需求、成为课程的支撑与保障。创新实验室的教育教学活动、软硬件建设的关系也应当遵循这样的原则。

创新实验室课程的开发和建设，是一项需要科学对待的任务。

例如，对于课程目标的不同指向：有利于学生创新素养的培育；有利于学生动手实践能力的培养；要把科技发展的前沿内容、新鲜内容引到孩子们的身边；要激发学生的兴趣，培养学生的好奇心；要发展学生的个性特长；能够进行学生发展的早期志向聚焦等，就需要学校根据自身的办学特点和学生培养目标，进行全面的思考与确定。

再如，创新实验室的学习内容、学习要求、学生在实验室的操作能力、学生在实验室学习的反馈形式等课程要素，都是完全不同于现行学科教学体系的内容和要求的。如何看待和理解这些差异，从而制定较为有效的课程要求，也需要学校根据自身的发展需求，进行正确的判断和选择。

另外，课程开发和建设中还需要考虑实验室课程与基础型课程教学内容相整合、与研究型课程内容相整合、与学生的社团课程、与学校的科技教育、学生的科技活动相整合、形成个性化个别化教育的模式等，这些也需要学校在创新实验室课程开发和建设时，仔细分析和考量。

课程的开发和建设，是创新实验室能够持续运行、取得良好效果的必要保证。学校应该在创新实验室建设的实践中，探索并形成具有可操作性课程开发的途径和方式，并对不同开发模式形成的课程特点有所认识。

从现有创新实验室建设的经验看，不同开发途径形成的创新实验室课程主要有以下四类：

(一) 学校在已有基础上开发形成的课程

学校在已有基础上开发形成的课程，大多是各学校在课程教学改革中，特别是拓展型、研究型课程、学生社团课程等校本课程建设中，通过积累、沉淀，进一步提炼而开发形成的课程。这一类的课程，有着较为明确的目标指向、较为成熟的课程内容、较为厚实的教师队伍基础，也有着较长的课程实施周期和操作层面上的实施经验。课程激发了学生的兴趣追求，满足了学生个性爱好的发展，融合了学生动手实践活动，广受学生的喜爱。如市西中学的《能源》、《音乐创作》、《乐高机器人》等课程的形成就是典型案例。这几门课程,从最初的学生兴趣小组活动内容、学生社团活动内容、拓展型课程和研究型课程内容,直至现在的创新实验室课程内容,时间跨度超过了十六年,不论是课程内容或是教学组织活动,都是较为成熟且深受学生喜爱的。

学校在原有基础上,通过积累、沉淀、提炼进行课程开发,具有较强的针对性和操作性。但是鉴于学校自身的学术水平,这种开发形成的课程,应该注意增加现代科技发展和应用的内容,使课程具有更多的科技含量(特别是高中实验室),使中学生创新实验室课程的学习,更多的触摸到新鲜科技的脉搏,形成科学学习的兴趣,提升自己的科技水平。

(二) 社会资源支持下学校为主体开发的课程

这是一类较为先进的、具有较高的科技含量或较高的现代科技应用水平的课程。这类课程,不仅对开发者的学术水平或专业知识有着较高的要求,而且还要求开发者对于该领域或该专业的发展有一定的前瞻性了解。尽管学校可能对此类课程其中的某些内容有所了解,但独立地进行全部课程开发,则往往是力所不及的。充分利用已有社会资源(如高校、研究所、相关企业等),发挥这些力量在专业方面的优势,在社会力量的指导或支持下进行课程开发,结合自己学校的要求和教师特长,以学校为主体进行开发设计,优势互补,就可以开发出具有特色的创新实验室课程。华东师范中学校本课程《现代通讯实验室》的开发,就是这样的一个案例。

《现代通讯实验室》课程包含了五个主要模块:通讯发展史、有线通信、无线通信、互联网通信、物联网应用。尽管这一课程在开发前,学校的老师曾先后开设过与之相关的"二维码制作"、"信号的编码解码"、"无线电遥控"等校本拓展型课程,但整体把握"现代通讯"课程开发的内容,尚显得能力不足。为此,学校与中国电信联手合作,在学校课程开发思想的主线之下,由中国电信引进相关资料、介绍技术应用、提供核心设备,协作学校老师共同进行课程的研发编制,取得了圆满的成功。

高校等社会资源支持下开发的课程,最容易出现的问题,是课程内容与学生学习的适切度问题。高校等社会力量在学术方面、专业方面具有的优势是勿容置疑的。但他们对基础教育的现状(包括课程计划、课程实施等)、对学生学情的了解(如实验操作基础、学科知识基础等)、对创新实验室的使用情况(如课题研究要求、教师辅导制度等），往往不是最为清晰。这就容易导致实验室课程的设计，脱离学校现有的基础。

社会资源支持下进行课程开发的同时，强调学校为课程开发的主体，就是要避免上述情况，使这种形式下开发的课程，贴近学生、贴近教学，与学校的办学思想吻合、与学校的特色发展方向吻合。

（三）购买服务方式引进的课程

随着社会对教育的关注，许多提供教育设备的企业与公司等，都相继开发了与自己设备器材使用配套的课程，他们在向学校提供实验室硬件的同时，还会向学校同步提供课程及相关配套软件，帮助学校组织教师培训活动，协助学校的教学活动开展。这种方式形成的课程，可以称之为"购买服务方式引进的课程"。

购买服务方式引进的课程，有许多质量是不错的。这缘于企业在硬件和课程开发时对基础教育不同需求的调研。如我们已经看到的"乐高机器人课程"，不仅借鉴了国际教育的一些先进理念，而且还对不同学段、不同水平的学生，进行了课程的差别化设计。对于课程开发力量不足的部分学校，以购买服务的方式引进课程，确实是创新实验室课程开发中值得尝试的另一种途径。

但是，购买服务方式引进的课程，究其本身，则是相关企业与产品配套、为硬件销售服务的附属品。它的最大特点就是这种课程具有通适性（通适于企业的产品）和同质化（产品购买学校的课程相同）。即使是上述提到的"乐高机器人课程"，已经实现了不同学段的课程差异，但只要是隶属于"乐高机器人"产品的学校，相同年级引进的课程仍然是同质化的。

课程（特别是创新实验室这类的校本课程）的同质化，对于各中小学校来说是应该避免的。因为中小学校的学生基础不同、动手实践能力不同、教学的要求不同、教师的水平也不相同，同质化的教学不可能体现这些差异、也不可能适应这些差异，与现代教育提出的"个性化教育"是格格不入的。

走出"购买服务方式引进的课程"通适性和同质化的圈影，需要学校在课程实施中，逐步对这些课程进行本土化、特色化、个性化的二次开发。这种二次开发可以是课程内容本身的，如内容的增删、教学顺序的调整等；也可以是与其他课程内容相互融合的，如性能的拓展延伸、功能的相互组合等，使引进课程真正成为具有特色的校本课程。仍以上述"乐高机器人"课程为例，市西中学在引进该课程后，经过近十年的校本化过程,形成了"结构搭建—传动学习—动力配置—程序设计—智能控制"的课程学习序列,形成了"乐高系列—FTC系列—FLL系列—F1系列"相互融合的课程内容体系,形成了具有学校特色的创新实验室课程体系,收到了良好的教学效果。市西中学的案例,对于引进课程的校本化二次开发工作,提供了可以借鉴的经验和实践层面上的诠释。

(四) 基于相似项目的不同学校联合开发的课程

在创新实验室的建设中,具有相同或类似实验室硬件条件的不同学校相互联合,各自发挥自己学校的优势,共同进行课程的开发(或二次开发),这是创新实验室课程开发的另一种模式。这种课程开发模式,自然地集聚起了项目学校成为"联合体",不论是课程方案的设计、课程内容的遴选、课程硬件的使用、课程教学的步序,都能汇集各个学校的群体智慧,借鉴各个学校的经验,从不同角度完善课程开发与建设的相关要素。

"联合体"形成的另一个优势,则是通过同类项目的分析、类似设备的使用、相近学生课题的指导等活动的交流,有效组织起相关教师课程研讨和教学研究活动,这对于促进教师在创新实验方面的专业化发展,提高创新实验室课程教学的有效性,有着十分积极的作用。

基于相似项目的不同学校联合开发的课程,在联合开发中也应该注意避免各个学校课程内容的同质化现象。各个学校可以从不同角度对课程内容有所侧重,从不同角度对学生课程实践活动有所侧重,在联合开发中有所错位,形成不同的特色。培明中学等类似项目的创新实验室课程的开发,就是一例。

培明中学的《物联网实验室》、五四中学的《火材人智能实验室》、静安区三中心小学的《机器人实验室》,都是以"火柴人"硬件为背景而建设的创新实验室。相似的项目使三所学校在课程的开发和实施中,形成了教学研究的"联合体"。在"联合体"课程共同开发的过程中,成员学校首先确定了课程的基础性知识、确定了实验操作的基本要求、学生课题研究的内容范围,再根据各成员学校的课程基础、学生情况和师资力量等条件,携手开发了既具有基础共性内容、也具有个性特色内容的配套课程,使成员学校分别在"物联网"、"智能化"、"机器人"三个不同方面有所侧重,形成了具有自身特质的创新实验室校本课程。

随着创新实验室的硬件建设、环境建设与课程软件建设的发展,也出现了一些值得我们思考的问题。

一、创新实验室课程面对的挑战

随着现代社会的发展,创新实验室建设的高科技化、社会化(更接近于真实社会)、综合性已经成为了一种趋势。

如F1赛车项目。学生要自己设计制作赛车、调节轨道、完成电子计时,还要组建"理财团队"、联系社会赞助,自己设计队服、LOGO、海报、展台、纪念品,开展宣传造势,完全类似于真实赛车队的活动。

无人飞机则是高科技发展在社会生活中的应用。其中航拍、侦查、导航、绕障、抓取、投掷、超低空飞行、卫星遥控等多种功能,都是学生很有兴趣的话题。

空气环境的质量问题,不仅已经成为人民生活中的热点问题与政府关心的民生问题,也吸引了诸多高中生的视线。

类似这样的创新实验室的建设,关注了学生兴趣发展、关注了社会生活进步、关注了科技应用,成为了创新实验室建设发展的典型案例。但是这样的创新实验室的建设,对于创新实验室课程的开发,则提出了新的挑战:课程必须具有高科技含量、必须满足学生实践活动的综合性、必须反映社会生活的应用性。对于这样的课程,我们认为:应该选择高校、科研机构、社会力量支持开发的途径来实现。

例如前面已经提到的,市西中学大气环境质量监测实验室的课程开发就是这样做的。学校与美国科罗拉多大学、华东师范大学联手,首先就课程的要求、学生培养要求、实践活动要求提出了方案,再由高校进行实验室硬件及其课程设计的开发,最终在学校与高校共同讨论的基础上,确定课程的方案与实施。近两年来的实践,已经说明了这一课程的有效性和可操作性。创新实验室课程开发中呈现的中小学校与高校、研究单位、社会力量共同合作的模式,对于创新实验室课程水平的提升,将起到关键的作用。

二、创新实验室课程与校本课程建设的整合

创新实验室课程属于校本课程,具有很大的综合性,这就决定了课程开发时应该

注重与其他类型的校本课程如拓展型、研究型、学生社团、社会实践类等课程开发建设的整合。

可以构建以创新实验室课程内容为主线的课程框架,使其他类型校本课程的内容成为总框架下的子内容或专题内容,使其他类型校本课程的学生活动成为创新实验室课程学生实践活动的特定部分。也可以在其他类型校本课程的开发时,注意设计与创新实验室课程接轨的内容,利用创新实验室成为学生实践活动的场所,或在其他类型校本课程的教学中,借鉴创新实验室课程实施的方法,形成创新实验室课程与其他类型校本课程开发建设的整合,丰富学校整体校本课程体系的内容与实施举措。上海市戏剧学院附属高级中学的做法就是一例。

上戏附中是一所具有艺术特色的学校,开设了包括舞美、后台、音响等在内的专业,也开发设计了相关的专业课程与拓展型课程。2015年起学校开始建设"舞台声光电模拟操作创新实验室",使之成为了同类学校硬件建设中极具特色的亮点。

该实验室课程开发时,学校进行了课程的整合设计,把部分专业课程如舞台背景制作、舞台灯光设计、舞美音响控制等从原有校本拓展型课程中剥离出来,融入了创新实验室课程,保留了另一批如主持、表演、服装等校本拓展型课程体系中的专业课程内容。上戏附中创新实验室课程开发中的整合处理,不仅丰富了实验室课程的内容,降低了实验室课程开发中的难度,而且使学校拓展型课程、创新实验室课程的指向更为明确,学校校本课程的线索更为清晰。

创新实验室课程与其他类型校本课程开发建设的整合,应该是学校课程开发建设中值得提倡的做法。

三、创新实验室课程与学科教室课程的整合

学科教室是最近几年来部分学校硬件建设的一个新内容。它融教学、实验、学生课题研究等活动于一体,以不受内容束缚的环境空间,开展学科教学或与学科教学有关的学生学习、实践活动。

学科教室的课程是比较特殊的。它以学科基础型课程的内容为主线,融入了学科基本实验、拓展性试验、探究性实验与学生课题研究内容。

与学科教室相比,创新实验室对学生兴趣的激发更有针对性,学生学习和实践的

内容更具有开放性,实验室的硬件与软件环境也更具专业性。但是,创新实验室的课程与基础型课程仍有着较大的距离,涉及到学科本体知识的内容不仅在数量上还不够充分,贴合度上也有待进一步加强。这就为创新实验室课程与学科教室课程进行整合提供了契机。

加强创新实验室课程开发时对于基础型课程内容的关注;

加强创新实验室学生实践活动中学科实验能力的迁移;

加强创新实验室学生课题研究与学科问题解决的接轨……

这些都将可以成为创新实验室课程与学科教室课程进行整合的内容。

信息技术背景下的环境构建

现代社会是知识爆炸和网络信息的社会。随着信息技术的迅猛发展,教学中使用越来越多的信息化设备,构建信息化的教学环境与学习环境,已经成为了教学一线广大教师自觉的教学行为。课堂中,微视频的播放、教学软件或课件的展现、PPT文稿的演示、智能手机或平板电脑录像的实时投影、信息化技术模拟实验的操作、智能白板以及智能触摸屏的使用等,使课堂的教学环境与学生的学习环境发生了重大变化。

信息技术背景下的环境构建,对于教学与学生的学习有着重要的意义。

从心理学的角度分析,学习者多感官的信号接收刺激,一定会比单一感官或少数感官的信号接收刺激,印象更为深刻。外界信息获取的丰富程度,也一定是前者超过了后者。学习者学习过程的注意力集中,也一定是前者环境下的状况超过了后者环境下的状况。所以信息技术的广泛使用对于学习者的学习建构过程,予以了积极的支持。

教学中,对于信息技术背景下环境构建的意义,可以从不同的角度来进行理解。可以给学生提供身临其境的环境氛围,激发学生的学习兴趣;可以改变学生的学习方式,丰富了学生的学习形式;可以促进学生的自主学习与合作学习;可以形成翻转课堂的教学,升华课堂教学的质量;可以使课堂教学更为紧凑,增加课堂教学的容量;可以使教学的过程予以记录,帮助学生重复学习;可以使教学难点的解剖具有直观性;可以使实验教学更具有可视性与可操作性;可以更为有效地开展学生评价工作;可以更好地开展家校联动等等。

在给学生提供身临其境的环境氛围方面,我就曾经在信息化作品的评选中看到过这样一个作品。闪烁的星光伴随着一弯钩月,静静的小河流水轻淌,远处的农舍或隐或现透露着灯光,寂静的农田安然的沉睡。随着悠婉音乐的响起,古诗词的吟诵声从远方传来……,真好像人在画中,人画合一。这样的感觉绝对不是仅凭教师的语言叙述就能获得的。而当进入这样一种境界时,学生一定会用自己的身心感悟着这诗意般的画卷、感悟着乡间的夜色,感悟着民族文化的精华。

在改变学生的学习方式方面,信息技术手段提供了学生多种的选择。如网上学习的方式、移动学习的方式、MOOC学习的方式,以及互动式学习、预约式学习等等。

网上学习,是指学生使用信息化设备,利用网上的资源,开展文献资料的查询学习。比如文科学习内容的人物介绍、写作背景、历史事件,理科内容的学科发展史(如中子的发现)、社会生活现象(纳米的应用),以及重大事件的报道分析等,都可以由学生自己上网学习。

移动学习方式,是指学生可以用信息化设备,在任何时间(双休日或假期)、任何地点(旅行途中或家中)根据自己的需要,进入学校网站或其他教育类网站的资源库,对学科知识、学科练习题等进行学习和演练。

MOOC学习方式,这里主要指的是在线学习。它与移动学习的区别在于,前者主要指的是学习的方式,后者主要指的是学习的途径。MOOC学习可以通过网络进行,也可以采用微信、QQ等形式。MOOC的一个特点是学习过程(如微视频观看)中,可以与学习指导方(如教师)进行沟通,或者是实时的也可以是后延的。这种学习方式可以认为是翻转课堂教学的基础。

互动式教学则包含了两层意思。一是指课堂教学中学生与软件之间的互动。如教学软件演示过程中出现了需要学生回答的问题(如选择题)时,学生通过点击按钮选择答案后,系统就会以笑脸、声音或音乐进行表扬鼓励。第二层意思则是学生之间的互动。在学生合作学习时,局域网可以将学生的学习终端网络化,使教师发布的资源、学生个人提交的学习结论等,能在全体学生的终端上显示,既可以开展网上学习的交流要论,也实现了学习过程中的资源共享。

预约式学习,则是通过网络或者微信或者QQ的形式,进行师生之间、生生之间、场地环境的预约,开展个别辅导或者学生群体的讨论研究。事实上,学生在校学习的过程中总会碰到一些困难,产生一些疑惑的问题。这种时候,学生总是希望能得到教师的指点。同样,教师在教学中,也会发现某位学生在某些知识的学习中存在着一些问题,需要单独进行辅导。这时候,利用信息技术,学生就可以预约教师,教师也可以预约学生,在确定的时间和确定的地点,开展师生间的个别辅导。师生之间的预约,除了要求教师对学生有高度的负责精神外,还要求网络(主要指校园网)具备软件的推送功能——当教师或学生登陆校园网时,能在第一时间将预约申请推送到登陆的界面上,使预约双方立刻知晓。

学校生生之间的预约,往往是学生社团成员、学生课题组成员、班级学生成员、学校学生管理团队(如学生会)成员之间的预约,同样也是需要校园网系统软件支持的。而学生社团成员学生课题组成员在开展活动时,需要使用学校的实验室或图书馆,特别是在课余时间或双休日及节假日的使用,就可以向学校的管理部门或这些场馆的管理老师,通过网络提出申请,这就形成了场地环境的预约。

预约学习是学生自主学习的重要标志,也是学生对自己对他人责任态度的体现,应当在学生的培养工作中大力提倡。

在促进学生主动学习方面,信息化技术可以营造良好的问题情境和游戏情境,激发学生的学习兴趣,调动学生的学习积极性。特别是游戏情境的建构,既符合了学生的年龄特点,也满足了学生猎奇、冒险、探寻的心理特征。比如在"密码设置与解锁"(信息技术课教学)学习软件中,设置的情境就是解开密码后可以登录海盗船。另一个情境则是密码设置成功后,可以捉住进入密室盗宝的小偷。信息化背景下问题情境与游戏情境的结合,与课堂教学中组织学生的游戏活动有着异曲同工的作用,对学生的学习有着极大地吸引力。

翻转课堂的教学,是指通过网络在指定的资源库上提前进行微视频观看、进阶习题的练习,再以网络、微信、QQ等形式与教师进行交流沟通,提出自己的困惑。教师则根据学生网络学习的统计数据或学生提交的问题,在课堂上有目的的进行重难点分析及拓展式教学。

例如,在进行波义耳定律的实验教学时,学生通过相应微视频的学习,对实验原理、操作方法、注意事项都基本掌握了。教学中的实验过程用时不长、也很顺利。接下来教师就根据学生在微信中提交的两个主要问题,开始疑难解答。这两问题是这样的。

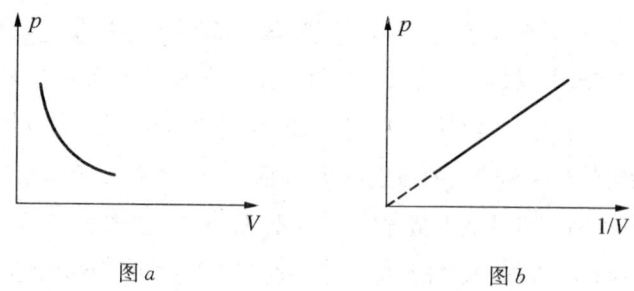

图 a 　　　　　图 b

第一,为什么在该实验操作的时候,要缓慢地推拉活塞改变气体体积?

第二,用实验获得的数据进行图像绘制时,纵坐标表示的是压强 p,横坐标表示了体积 V(图 a),将反比图像进行变换时,纵坐标仍然是压强 p,横坐标则为 1/V(图 b),为什么不可以用 V 与 1/p 来进行坐标标识呢?

对于第一个问题,是通过教师的讲述来完成的。因为快速的压缩拉伸,会形成气体变化的绝热情况,破坏了气体温度不变时准静态的过程。而在教材中对于绝热过程和准静态过程都没有做介绍,教师只能进行扩展性的介绍和说明。

对于第二个问题,教师就组织学生进行了讨论。数学中横坐标与纵坐标广义的表示是什么?(自变量与因变量)。温度不变时,体积与压强是哪一个量的变化决定了另一个量的变化呢?(体积变化决定了压强变化)。由此使学生明白了坐标标识的规则。

这就是翻转课堂的意义所在了。学生微视频的提前学习,问题的微信提交,使得教师的教学、答疑解惑更具有了针对性。对于翻转课堂更深入问题的讨论,将在后面进一步说明,这里就不在赘述了。

对于信息技术手段的使用可以增加课堂教学容量的问题,是很容易理解的。教学的引入可以采用微视频或影视片段,教学中间,可以对重难点问题进行软件或课件或者录像等放映。教学内容的归纳可以用 PPT 投影,作业的布置可以通过网络或微信等方式完成。这些诸多内容的一节课呈现,完全超越了只靠粉笔和教师讲述的教学容量。

今天的社会,科技的进步与信息技术的发展远远超过了人们的预测。信息技术水平的提升也以极快的速度体现在学校的教育中。智能电子白板、智能触摸屏就是典型的案例。它们可以进行书写、投影、与其他信息设备方便的连接,还可以对教学全过程的板书进行记录。如果再配合教师讲课和学生问答的录音、录像(手机模式或微格教室配备),就形成了课程教学的全景记录,不仅可以方便学生课后的再次学习和复习,也可以为缺课学生的学习提供条件。

信息技术手段的使用,还可以通过教学软件或课件的播放,通过视频或影视录像的播放,使教学难点的解剖更具有直观性。我就曾经看过立体几何的一个教学软件,它可以用截面任意的对诸如三棱锥、圆台等的几何体进行相截,使相截后的线段、面积、夹角等一目了然。使学生空间想象的抽象通过视觉成为了实在的形象,验证了学生的思维与判断。这种教学软件与实物的数学模型相比,软件具有着更多的操作性与选择性,可以在任何位置、以任意角度进行相截的示意,极大地方便了教师的课堂讲解和学生的问题理解。

物理学科中也有类似的软件,如对气体压强成因的微观解释软件。在一个立方体中,无数的气体分子在做无规则的热运动,随着气体分子对于器壁的碰撞,器壁上就会出现一个红色的斑点,表示分子给器壁的冲力。随着时间推移,整个器壁都呈现出了红色,较为直观地解释了气体压强的成因——单位面积上分子给器壁的平均作用力。

这样的教学软件还有很多,生物学科细胞组成软件、化学学科烃的反应软件、体育学科的乒乓球台面球提拉教学软件、地理学科潮汐形成软件、宇宙模型软件等,都是信息技术的发展在教学中的体现。特别是3D技术的逐渐普及,软件制作工具的丰富,教学软件或课件或微视频的制作水平获得了极大的提高。

如何对一个教学软件或微视频进行评价呢?以PPT的制作为例,至少应该具备这样的几条。主题清晰、突出;图文并茂、具有美感;色彩柔、不过于艳丽(保护学生视力);人物与主角(如果有这样的设计)造型形象生动;动画活泼自然;配音与情景吻合;具备良好的交互性。对于视频拍摄则需注意,灯光要合适、镜头的推、拉、升、摇动作要平稳,被摄主体要突出,配音解释要准确等等。现在,上海市每年都要开展教师信息化作品设计制作的评选,国家电教馆每年也会组织类似的评选,这就给教师的信息化设计和制作,提供了充分展示的平台。

对于理科的实验教学,信息技术手段的使用,同样有着一些不可替代的作用。这里仅以物理实验教学为例,来说明这个问题。

物理实验中的有些内容是教学中不能或不易完成的。如危害性实验(放射性物质的射线观察)、危险性实验(原子弹爆炸观察)、微观物理实验(卢瑟福α粒子散射实验)、时长不便课堂操作的实验(查理定律实验,一定质量的气体等容时压强随温度变化而变化),以及不稳定型的实验(手摇柄转动的实验)和变化微小的实验(动量教学时碰撞物体的形变)等。对于这些实验,最好的办法就是利用信息化手段进行处理。

例如,万有引力定律试验,这是物理教学中不太可能操作完成的实验。借助于微视频,就可以重现卡文迪许的扭秤实验,为学生万有引力定律的学习提供感性认识。

再如,卢瑟福α粒子散射实验,也是高中物理实验室中不可能操作的实验。借助于微视频,就可以清晰地看到"少数粒子"和"个别粒子"的轨迹。对于"大多数粒子",视频采用了第二画面的方法,在分画面中呈现了大量粒子到达的情况。

除此而外,利用信息化技术手段还可以使实验的细节得以放大,使实验的进展成为"慢动作播放",使所有学生的实验设计(书面)同时展示。

例如,在进行学生分组实验时,就可以利用手机或平板电脑的摄影功能,将实验的操作用蓝牙的方式实时传输并投影在大屏幕上。使用手机或平板电脑的这一功能时,可以不受连线的限制,在不同的学生小组中自由移动。

水滴的自由下落视频,则是"慢动作播放"的例子。通过"慢动作播放",水滴下落中的分裂现象,可以清晰地看出。

"蓝牙笔"则是近年来信息化教学的另一种工具。它的形状就是一只笔,可以在普通的纸张上书写,同时能将书写的内容通过蓝牙方式传输给接收器。它的使用,需要在一定的空间范围(蓝牙发射、接收区)内,并配置专用的蓝牙接收器、专用服务器和专用服务软件。当学生使用蓝牙笔进行实验设计时,所有学生的书写都可以被同时接收并被大屏幕投影。当然,如果教师只选择某一位学生的设计进行分析,也可以通过软件的操作进行切换。这一形式不仅可以用于学生的实验操作,也可以用于教学中学生习题的练习。

在这里,还要重点提及实验教学中的 DIS 系统。它以传感器、数据采集器、电脑软件为核心,构建了信息化实验系统,在传统物理实验的基础上,将数据采集、数据分析融为一体,极大地提高了实验的效率。DIS 系统现在已经基本覆盖了高中物理演示性实验和学生实验,不仅在基础型课程中广泛使用,更为学生的研究性学习和课题研究提供了条件,成为了物理学科中教与学变革的重要介质。

课堂上对学生学习情况的及时评价,也是信息技术手段使用的一个优势。通过手机的专用软件或定制的答题按键器,配合系统软件,就可以对学生问题的回答或练习题(以选择题居多)的解答进行判断与统计。另外,学科试卷的机器阅卷、英语听说测试的电脑模式、英语写作的机器批改、语文学科作文的电脑阅卷,以及正在研发即将面世的数学主观题阅卷系统等,也都是信息技术手段在教学评价方面的应用。

教学中营造信息技术的环境,达成利用信息技术辅助教学、提高教学质量的目的,是需要教师的智慧的。但是在信息技术手段的应用中,还应该注意,第一,信息技术的应用仅仅是手段,不是教学的目的。不能为了"新鲜、热闹、造势、门面"等的需要,而使用信息技术。第二,利用信息技术增加课堂容量的同时,要给学生的思考留下足够的时间,促进学生的思维发展。第三,PPT的使用(目前教师使用得较为广泛)不能完全替代教师的板书。因为教师的板书(特别是习题解答的板书),在展现教学思考步序递进的同时,也需要学生思考的同步,而PPT使用的过程则会弱化这样的同步。第四,对于理科的实验教学,要树立以真实实验为主的教学思想,不能用模拟实验或者视频实验来替代可以操作的真实实验,坚持在真实实验中培养学生的动手能力、实践能力和科学精神。

随着各中小学对创新实验室建设力度的加大,创新实验室课程的开发还可能出现更多的模式和途径。但是不论采取哪一种方式进行课程开发,学校都应该对相关开发的特点、课程应当强化的内容等,有着较为清晰的认识。只有这样,才能使课程真正落实到对学生的培养工作中,落实到创新实验室操作层面的教学中,保证创新实验室建设的良性发展。

4 支撑建构的教学策略

课堂教学,是学校教育中最为主要的教育活动之一,历来是各种教学流派、各种教学理论力图诠释和实践的主要场所,也是教育改革最终落实的基点。课堂教学改革的成功与否,不仅是对课程、教材等理论和内容改革的检验,也是教育目标能否实现的关键。"自习自研、师生互动"教学策略的构建,就是笔者在教学实践中,回答如何支持学生建构,回答"教学为了什么"的案例。

"自习自研、师生互动"的教学策略

一、"自习自研"概念的界定

"习"有两层含义。一是指"习得":是人在某种环境、某种刺激、某种操作中的由于体会领悟,而获得的直接经验。这种直接经验可以是方法,如思维方法、计算方法等;也可以是技能,如操作技能、运动技能。从教育学的角度看,这种直接经验的习得,是任何外在的教化和灌输所不能实现的。

"习"的第二层含义,是指学习。学习的内容可以是知识、理论,也可以包括某些方法或技能。间接经验是人类社会生存与发展过程中,积累和沉淀并外化为具有一定功能的社会知识和社会经验,是人类社会的共同财富,也是后人所要继承和发展的主要内容。

"研"是指研究和研讨。它既包括人们对问题发现、分析和解决的过程,也能反映出人们对问题的求知态度和解决问题的能力。"研"需要以一定的经验或知识为基础。"研"的最高层次是能够创造性地解决问题,创造性地诞生新的经验和理论。

"自习自研",就是遵从建构主义教育理论,让学生在教师的指导下,通过自己学习领悟,自己归纳整理,自己发现解决,自己总结提高的过程,养成自学的习惯,掌握自学的方法,提高自学的能力。同时,开展"课本物理"、"实验物理"、"生活物理"的整合学习,开展学生课题的研究学习,使学生的自学和教师的导学结合起来,直接经验的学习和间接经验的学习结合起来,课内学习和课外学习结合起来,个体学习和合作学习结合起来,使学生对物理学科的学习,成为"有意义接受学习"和"研究性学习"相互交融的积极学习。

"自习自研"是在教师引导下进行的,要符合教育的客观规律和学科的教学要求,要符合学生的认知规律和学生的实际知识水平,还要能促进学生个性特长的发展,所以完全有别于"自发学习"的形式。

二、"师生互动"概念的界定

"师生互动"包含了三层意思:

第一,建立一种新型的师生关系。教师在学生的学习过程中,应该是学习的组织者、促进者和帮助者,师生之间的活动是双向交流和相互驱动的过程,教学重心必须由教师的教转向学生的学。

第二,教师的主导作用应突出表现在推动和鼓励学生学习,激发学生的兴趣、求知欲和问题意识上。为此应企划能使学生自习自研有效、深入、扎实开展的教学策略,设计能使学生全身心参与和投入自习自研的教学方案和教学步骤,以确保达到培养学生的总能力的这一教学目标。

第三,教师必须在教育教学工作的同时,不断更新自己的教学理念和原有知识结构,增加学科知识和综合知识的储备,改进教法、研究学法、勇于开拓。

三、"自习自研、师生互动"教学策略的功能框架

"自习自研、师生互动"教学策略的功能框架如图。

教学过程中,"自习"和"自研"是两个有机相溶、又相互促进的过程。"自习"是"自研"开展和深化的基础,"自研"则是对"自习"的检验和实践。"自研"中,由于对知识、技能和方法的需求,促使学生"自习"更加细化和深化。而伴随着对教材中重难点问题,生产生活实际问题和社会热点问题的"自研"解决,学生又进一步加深了对"自习"内容的理解和掌握,达到从原有知识结构和技能水平,向新的知识结构和技能水平的升华。这一过程中,学生的交流合作,教师的导习、导研,则是"师生互动"的集中表现,它对于保证"自习自研"的可持续性,提高"自习自研"的有效性,调动教学各方积极性,有着重要的意义。

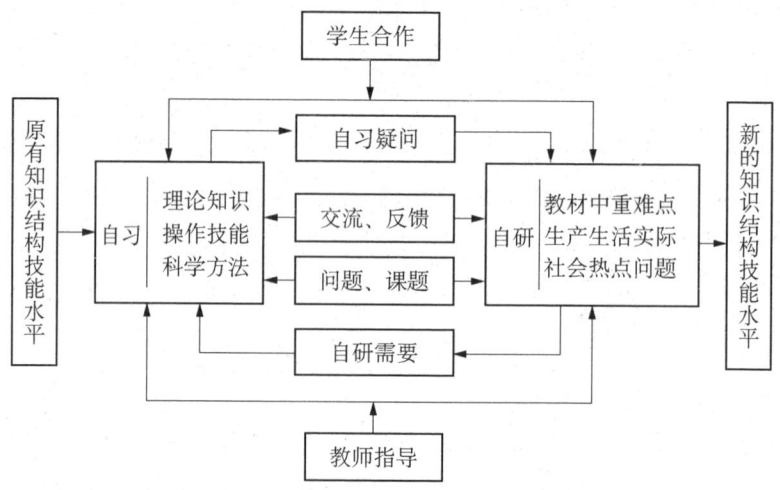

四、"自习自研、师生互动"教学策略的基本流程

"自习自研、师生互动"教学策略的基本流程如下,大体可分为七个步骤,它们分别是:

步骤一:"粗放型自习";

步骤二:"导习后自习";

步骤三:"开放性自习";

步骤四:"自习反馈";

步骤五:"自研和导研";

步骤六:"自研交流和总结";

步骤七:"反馈与解惑"。

"粗放型自习"的过程首先从对教材的基本内容学习开始。包括学习基本理论;整理基本线索;勾画整体结构;初步明确重点难点;完成实验知识的学习;完成基本习题。"粗放型自习"过程的标志,是能完成内容的结构图和基本习题。

"导习后自习"过程是教师在学生"自习"的基础上,对容易混淆的问题和需要细化的问题,以及重难点问题,设置"问题情景",进行分析讲解或组织学生讨论。其目的一方面是了解学生的"自习"情况,另一方面是引导学生进一步开展"自习"。"导习后自习"过程的标志,是能给学生留下有助于概念理解、有思考价值的问题。"导习"中如果发现学生"自习"存在着困难或效果较差,要采取教师辅导或合作学习等措施,帮助学生通过"自习"。

"开放性自习"是教学策略实施的第三步。应鼓励学生在能够接受的情况下阅读课外书籍,扩大视野,并完成有一定质量的练习题。"开放性自习"可采用多种形式,可以利用教学课时让学生在图书馆、阅览室、实验室学习,也可以由学生在课外学习,个人学习或合作学习。"开放性自习"时,教师可以融于其中,也可以是学生间的合作学习。当然,这一过程中教师的个别辅导,仍然是不可缺少的工作。

"自习的反馈"主要是在课堂上对学生情况进行了解,发现问题当堂解决。反馈的形式可以是口头的,也可以是解一二个小题目,还包括对实验操作的检查。

"自研和导研"主要是指对生活中的物理问题,和生产、科技领域中应用物理问题的研究。它首先需要学生去观察、去发现,然后运用所学知识去分析、去解释,培养自己的创造意识和创造能力。鉴于学生现有的知识水平,问题的发现、提出和研究,需要教师有意识的启发和引导。教学中,对于学生发现和提出的问题或课题,应视问题的性质采取不同的处理方法。可以分为当堂解决型、短期解决型和长期课题研究型。

学生课题解决后的交流,应选择有代表性、与教学相关度较大的内容。其他内容可以利用研究型课程或拓展型课程进行。整章总结则是对所学内容再次的复习、归纳和整理。与"自习"初期的归纳、整理相比,往往会使学生有新的理解。

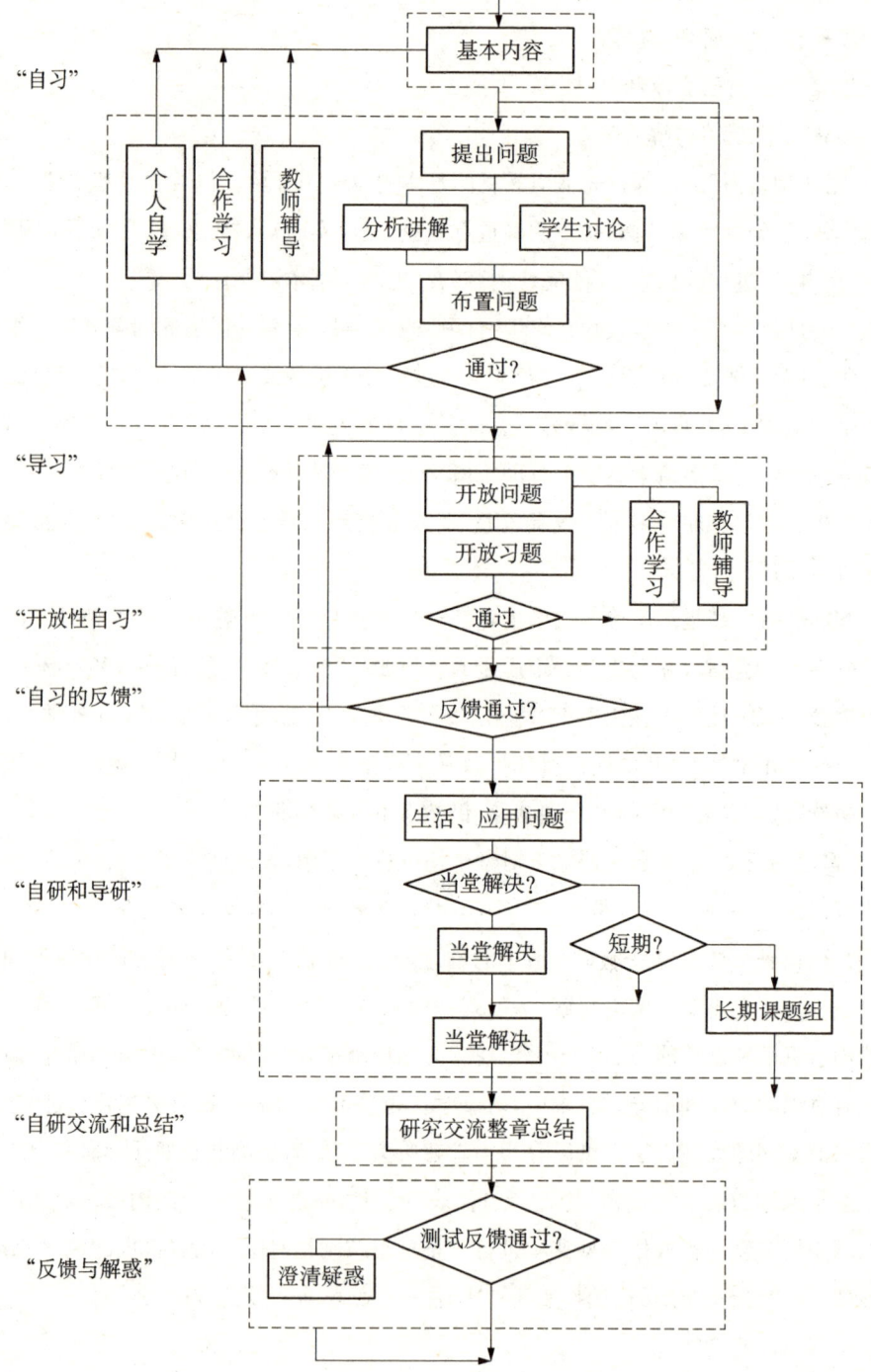

"自习自研"后的测试,是学生对所学内容掌握情况的阶段性反馈,和对教学双方的效果检测。这是任何一种教学策略或教学模式都不能缺少的。

"自习自研、师生互动"策略在教学中的实践

"自习自研、师生互动"教学策略的教学实践,从某一个角度,回答了"教学为了什么"的问题,并提出了这一教学策略实施过程的步序。而对于"自习"、"自研"两个重要环节的组织与开展,学生如何建构、如何营造建构的环境、如何予以评价支持,也提出并形成了初步的方法和规范。

一、"自习"过程是实施新的教学策略的基础

自习过程,是培养学生"习得"和"学习"基础能力的过程,也是我们教学策略开展的前提条件。因此抓好"自习"过程的组织、落实,是教学策略实施的关键。

1. 明确"自习"的内容,细化"自习"的功能

"自习"的内容包括基本概念、基本规律、基本公式等基本理论,包括基本实验内容和基本科学方法以及科学精神。

基本知识和基本概念以及基本规律的学习,是中学生提高科学素养的主要基点,也是教学的主要内容。从教育心理学的角度看,学生对于概念的定义、内涵和外延,定律的描述、数学表达以及使用条件等,只有通过"自习"领悟,才能真正的掌握。实验中的"自习",我要求学生了解实验的目的和意义,学习实验的原理和设计思想,掌握实验的操作理论和步骤,能学会数据处理和图像处理,能进行初步的误差分析。"自习"科学方法和科学精神,就需要了解知识的发生和发展过程,学习知识递进过程中前人总结的各种科学方法;学习科学探索中不畏艰辛,不断进取,勇于开拓的科学精神。

"自习"的安排,是以教材的"章"为基本单元进行的。

每章教学前,学生应进行"粗放型自习",编写内容提纲或内容结构框图。

根据学生交流或教师的"导习",对教材体系、内容、结构,进行"细化型自习",并明确重点、难点。

对"开放型问题",进行"专题型自习"。

对生活问题、应用问题,开展"拓展型自习"。

整章教学结束,进行"复习型自习"—教学总结。

高中物理教材中,每一章内容都可以看成是物理学科整体结构中的一个子结构(如运动学、动力学、恒稳电流、原子物理等),或者是物质形态和运动形式的特殊描述,如场(电场、磁场)、波动(机械波、光波)等等。这些子结构,既是组成宏观物理大厦的基础,也是人们认识客观物理世界的视角方向。因此以"章"(子结构)的内容为基本自习单元,通览全章教材,编写全章提纲,勾画全章的结构草图,理出全章的主线,使整章内容的学习构成一个整体,可以使学生从较高层次上,以有机整体的眼光对待和接受各部分内容的输入,摆脱以局部冲淡整体,以"应试"内容冲淡对物理学全局认识的阴影。

另外,整章教材的"自习",对于学生在学习过程中,把握重点、难点,承前启后,融会贯通,发现问题,提出问题,产生和维持学习的动机,形成实际意义上的主动学习,也具有积极的意义。

以波动一章的教学为例,学生抄写在黑板上的内容提纲:

机械波	光波
一、机械波的定义 　　机械振动在媒质中的传播 二、机械波形成条件 　　振源和媒质 三、机械波传播特点 　　质点不迁移 　　后点重复前点运动形式 　　传播的是能量和运动形式 四、机械波的分类 　　横波、纵波 五、描述波的物理量及其规律 　　波长、频率、波速(定义略) 　　$\lambda = v/f$ 　　频率恒定不变 　　波速取决于媒质 六、机械波的图像 七、机械波的干涉 　　现象、条件、实验 八、机械波的衍射 　　现象、明显衍射条件、实验	一、光波 　　光在真空成媒质中的传播 二、光波形成条件 　　光源 三、光的传播特点 　　真空中光沿直线传播 　　光波传递能量 四、光波分类 　　可见光不同颜色 五、物理量及其规律 　　光速、波长、频率 　　$\lambda = v/f$ 　　频率不变 　　真空中 $c = 3.0 \times 10^8$ m/s 六、典型现象 　　反射、折射 七、光的干涉 　　现象、条件、实验 八、光的衍射 　　现象、明显衍射条件、实验

通过整章提纲的编写和比较,学生们发现并提出了疑惑:光波是如何形成的?为什么光波可以不需要媒质而传播呢?光波属于横波还是纵波?为什么光和机械波的描述、规律都相近或相同呢?这些问题不仅激发了学生的求知欲,形成了教学中学生问题的追求,为"自习"的进步深化,和后几个单元的学习打下了伏笔,还为学生思维的发展、发现问题、解决问题提供了可能的时空。

再以静电场一章教学为例。这是某学生在自习的基础上,为全章内容编写的结构方框图:

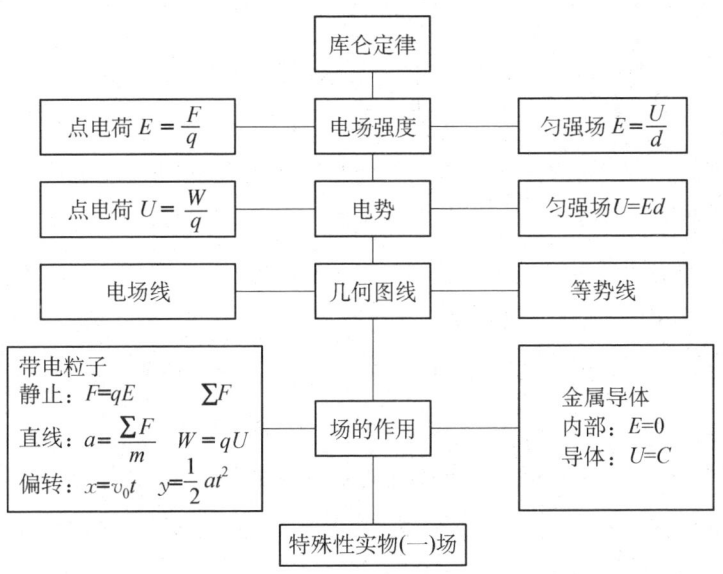

对此,教师开展了学生的小组交流,并展示了另外一些学生的内容结构图,同时肯定了学生们的自学成果,特别是对几个主要内容的关注。在此基础上,教师要求学生第二次优化内容结构图。仍旧是这位同学,他对内容进行了重新调整,以下是这位同学重新勾画的结构图:

从第二次调整看,同学对电场内容各部分关系的认识,明显升华,对电场学习的视线,也由分立的支节研究,转到了整体的理解。这对于学生能力的提高和"终身学习"基础的培养,无疑是一次有益的实践。这种自我建构能力的培养和提升,不正是我们在教学中所希望和追求的吗?

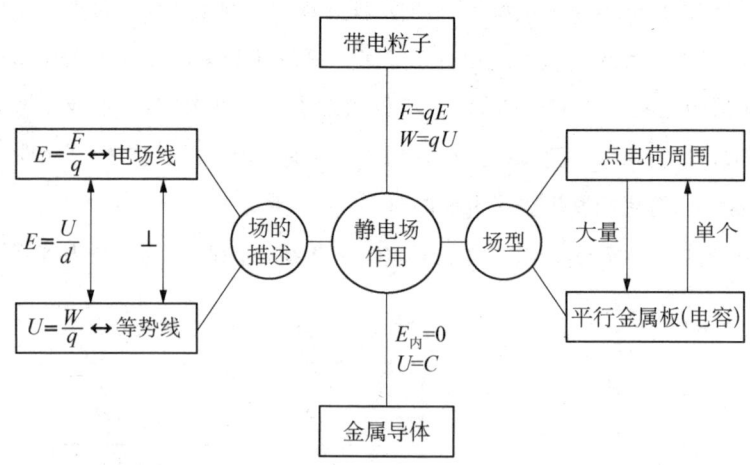

当然就结构图本身而言,也还有一些问题值得进一步的推敲:如场强与电势的关系,在非匀强场中,应以微分形式表示;点电荷与平行板电场之间,"大量"、"个别"的提法还不够严密;"场型"似乎也能包括在"场的描述"范畴之内等等,但从整章内容的角度看,学生在宏观的把握、主线的提炼和认识水平上,有了很大的进步。

教学过程中,除了对整章内容的"自习"明确要求,还必须注重对部分重、难点内容"自习"的细化、深化。这既是落实教学知识点的要求,也是培养学生思维能力所必须的。教师的"导习"作用,问题情景的设置在这些地方应该明确的体现。

圆周运动教学中,教材介绍了有关同步卫星的内容。根据教材的叙述,老师向学生提出了两个问题:为什么全球通讯需要三颗以上的卫星?为什么同步卫星的轨道距离地面一定是35 800公里?

电场教学中,教师也向学生提出了问题:为什么电场线不能相交?为什么点电荷相距趋于零时,库仑力不是趋于无穷?

类似于这样的问题对于学生"自习"的细化,应该说是很有帮助的。

2. 以教材为蓝本,把握知识的结构

"自习"以现行教材为主要蓝本。几年来经过课程教材的改革,现行教材在思想、内容、方法、应用等方面都有了很大的突破。以教材为主,仔细体会教材的编写意图,掌握教材的内容和方法,是自习中的重要任务。除此而外,教师还可以向学生们推荐一些有特色的参考书目,供学生根据自身发展的需求进行选择。

我们的学生(特别是高一年级的新生),由于初三阶段的升学需要,进行了大量的解题训练,形成了对学习的一些不正确的理解和习惯。有些人忽视对教材基本内容的阅读和思考,忽略对教材整体的把握和关联,仍把主要精力放在"刷题"的应对中。因此,强调课本的阅读是很重要的学习习惯。教学中除了要求学生勾画内容结构图外,对于课本的阅读,还应该强调要有知识提纲和内容细节,诸如公式的使用条件,内容的逻辑关系,知识的层次及系统,搞清知识之间的内在联系等等,使学生的"自习"能落在实处。

电磁感应中的磁通量,是一个重要的概念。教材在介绍这一概念时,除给出物理模型外,只介绍了两种基本的情况。教学中,教师认为在这里应该引起学生的注意,就请学生在"自习"中,特别注重公式 $\phi = BS \cdot \cos\theta$ 的使用条件。学生们从发散思维角度出发,再对各因素发散分析,最终归纳出了八种情况:线圈"全部浸没"和"部分浸没",磁场线的"垂直进入"和"斜向进入",磁场线的"单向进入"和"双向进入",以及线圈的"单匝构造"和"多匝构造"。这一教学过程的完成,强化了物理模型,丰富了物理概念,激活了课堂的教学氛围,也为学生的主动建构、求异创新,提供了实践的机会。

3. 加强"自习"过程中的实验教学

实验性、实践性是物理学科的基本特点之一,"自习"过程中,必须对实验内容予以足够的重视。

例如:牛顿第二定律教学中,教材设计了如图的实验。从"自习"的检查情况看,学生们对实验的结果较为重视,却忽略了实验的科学方法。为此,教师要求学生就这个实验细化"自习"。结果,学生们归纳了这个实验中的"控制变量法"、"理想模型法"、"间接测量法"和"等效替代法",并就这些科学方法在实验中的具体体现做了阐述。

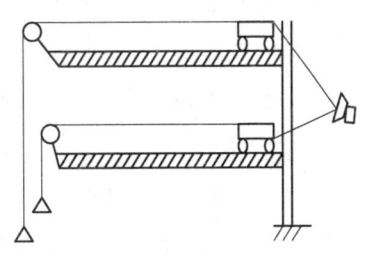

为了检验学生自习的效果,营造良好的评价环境,在《电磁感应》教学研究课上,教师在课堂上一次性摆出了"电磁感应现象"、"楞次定律"、"电磁感应的应用"中磁铁推动金属环、发电机模型等十几套实验的散装器件,让学生们自由挑选、组合,设计和操

作实验。由于学生们在"自习"中,重视了对实验内容的学习,课堂上表现出了极大的主动性和创造性,不仅组合操作了各种实验,而且用自习的理论,逐一分析,解释了所做的实验和实验结果。这节课还聘请了上海市一批资深现场听课和评课。几位特级教师不仅详细观察了学生们的操作和解释,还向学生们询问了课前的"自习"情况,并把这节课的教学称为"课堂上的超市",并予以了充分地肯定。特级教师们还特别询问了实验室开放的情况,对实验室利用课余时间(中午和放学后),为学生开放,接纳学生自由实验,允许学生按自己的需要设计、拆装和组装部件,自主开展实验研究等环境氛围的建设,也予以了高度评价。

4. "自习"的形式和监控

"粗放型自习"应以学生个人"自习"为主,其他类型的"自习"可以是个人自习基础上的小组"自习",也可以是班级同学的共同"自习"以及师生间的讨论交流。个人的"粗放型自习"主要在课外完成,其他类型的"自习"可以课内和课外双轨进行。要充分发挥图书馆、实验室等场所在自习中的作用,特别是在"开放性自习"、"专题性自习"和"拓广性自习"中,甚至可以直接"移师"到这些场所。

教师要对"自习"的过程加以引导和检查,以保证质量和效果。学生应在"自习"的过程中完成读书笔记,知识提纲或结构体系表等的编写,要明确重点和难点,完成教材的思考题和练习题,"自习"的实验要有操作步骤、原始数据、图像和结论分析等记录。

上述这些内容都是作为教学作业予以检查,并纳入学生学习态度和平时成绩的记录中。这也成为了评价环境的一部分,对学生起到了鞭策和鼓励的作用。

5. "自习"的分层和开放

"自习"中,对不同的学生,要有不同的要求。这是教学的规律,也是现代教育的理论所要求的。

例如:在基础型课程中,卫星的发展历史及主要功能和用途是必须要学习的。而卫星的力学原理和同步卫星问题则应有不同层次的要求。

卫星的力学原理部分:

基本要求:(1)卫星的受力情况:$G\dfrac{Mm}{R^2} = m\dfrac{v^2}{R} = m\omega^2 R$。

(2)速度与离地高度关系:$v^2 \propto \dfrac{1}{R}$;$\omega^2 \propto \dfrac{1}{R^3}$($R$为离地高度)。

(3) 卫星发射速度：$v_0 > \sqrt{gR_0}$，即 $v_0 > 7.9\,\text{km/s}$（R_0 为地球半径）且发射方向应和地球自转方向一致，采用低纬度发射。

较高要求：(1) 环绕速度与发射速度的区别。

(2) 椭圆轨道与圆周轨道的区别。

(3) 不同轨道的切换方式。

同步卫星的有关知识部分：

基本要求：(1) 同步卫星的概念、功能。

(2) 同步卫星高度、旋转平面的唯一性问题。

较高要求：同步卫星进行全球通讯覆盖，至少需要三颗卫星的证明。

教学要求的差异，就使教师可以根据不同学生的情况，区别对待"自习"效果。除了基础型课程中的不同"自习的分层"，"开放式自习"中也有这个问题。

仍以上述内容为例。

"开放式自习"中要求为：

(1) 开普勒三定律。

(2) 世界主要卫星发射场的地理位置，及其优越性。

(3) 返回式卫星、登月卫星、火星登陆的轨道变换。

(4) 三个宇宙速度。

而在较高要求中，则可以是：

(1) 卫星发射是否可逆地球转向发射，能够出现什么现象。

(2) 能否实现同步卫星的第二高度，解决现有轨道上"星满为患"的问题。

对于"开放性自习"，除了以教材的内容作为基本内容外，对有个性特长的学生，应鼓励他们学习高年级教材和高校教材，可以参阅一些课外书籍，甚至包括教师的参考资料（如《物理教学》《物理教师》等）。以开拓学生的视野，提高学生自习的积极性，丰富自习的内容。为了鼓励"开放性自习"，可以安排一些开放内容的课堂教学。范围可以是教材内的，也可以是教材以外的，可以是学生课外阅读中自己理解的，也可以是感到疑惑的，不要求面面俱到，主要注重学生自己的感受，注重学生个性化的学习。让优秀同学的学习态度、方法，起到良好的示范作用，这对于合作学习的环境营造，会起到

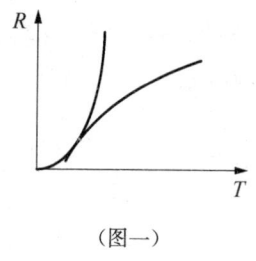

（图一）

很好的推动作用。

以"直流电路中的图像"教学为例,教学的认知目标是了解和掌握稳恒电流图像的类型、意义、性质及应用,能运用图像进行简单电路的计算,其重点是掌握图像分析的要素和方法(点、线、面,规律性、整体性、外延性、特殊性),掌握 U-I 图像的物理特性。由于教学内容具有开放性,学生课堂交流的内容,远远超出了教材的范畴,学生们画出了包括:电阻随温度变化的图像(图一)、部分电路欧姆定律图像(图二)、电源内电阻和电动势图像(图三)、路端电压与外阻图像(图四)、电源输出电流与外阻图像(图五)、输出功率随外电阻变化图像(图六)、全电路工作图像(图七)等一系列图像,并且明确指出了图像的来源、意义,学生"自习、自研"的积极性得到了充分的调动。

当然,开放性内容的教学,绝不能盲目追求"多"、"广",不能以"猎奇"或"自我显示"为目标,这就要求教师适时的引导,就像以上七个图像中,在了解图像的规律基础上,教师必须把握重点认识 U-I 图像(图二、三、七),而就图像认识的本身,应该通过学生已有的知识经验,从复习回顾已知的图像出发,类比,对照,完成知识结构的更新。

直流电路中的电动势,教材是从电源将其他形式的能转变成电能的角度引出的,

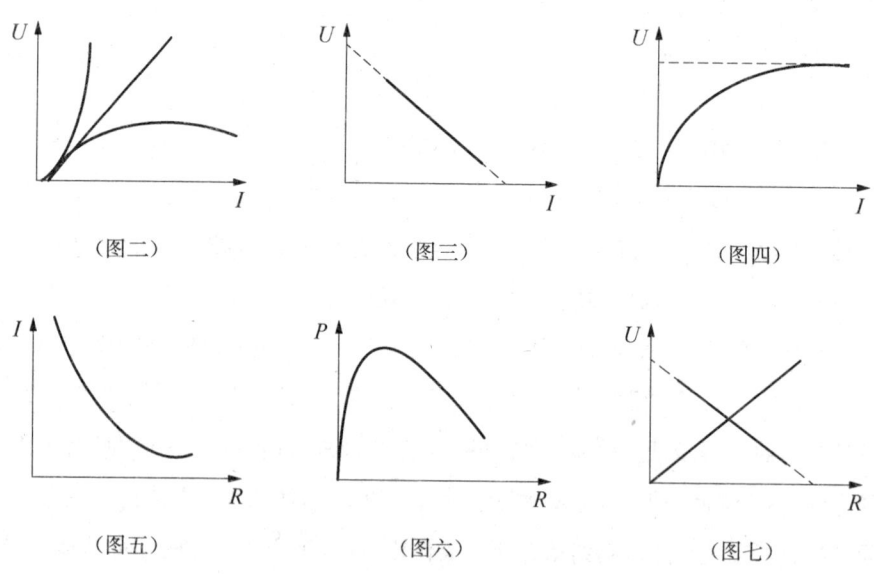

电动势的大小,则通过内外电阻上的电压之和来实验验证。能量的概念在这里与电压概念有何关系呢？我要求学生阅读普通物理的有关章节,并让同学进行讨论。从而使大部分同学理解了单位正电荷在非静电力作用下,从电源负极板到电源正极板的做功,与电场力使之沿外电路从正极板到负极板的做功的关系,并与电场中的 $u=\dfrac{\varepsilon}{q}$ 式进行了联系。除此而外,金属导体和电介质在电场中的情况,机械波质点势能最大的位置,菲涅尔双镜干涉等问题,也都是学生在"自习"普通物理后,提出来的问题。

教学中的"自习"过程,弘扬了学生在教学中的主体地位,调动了学生在学习中的积极性、主动性,为学生在心理和情感上认同以及接纳教学过程,奠定了基础。从教学实践看,自习后的教学活动中,学生的注意力、归纳整理能力、质疑能力都明显加强。思维活动性、审视能力和批判能力,更有所提高,这对我们开展和坚持这一教学策略的实践,和继续这一教学策略的研讨,予以了坚定的信心。

二、自研活动是发展学生创新精神的良好形式

自研过程,是学生在学习中发现问题、解决问题的过程,也是运用集体讨论、相互启发、合作学习、共同提高的过程,它对于发展和培养学生的创造性思维、高阶思维,有着重要的意义。在教学过程中,应该有目的、有针对性地予以学生启发和暗示,鼓励学生提出问题,并完成问题的自研。

1. 自研的内容

自研的内容主要可以分为三类：第一类,教材中的重点、难点、习题中的问题和疑惑。第二类,由教材内容,结合对生产、生活实际问题的观察分析而引发的想法和问题。第三类,对于社会热点问题的讨论、分析,如生态问题、环保问题、能源问题等。

2. 自研的类型

自研的类型根据问题的性质、学科的特点,也可以分为三类：当堂型、短期型和中长期型。通过课堂讨论、辨析可以解决的,应在课内完成。而另外两类,可以建立课题组进行专题研究。

3. 自研的形式

自研的形式,除保留自习的基本形式外,专题研究可以在老师指导下开展,也可以

聘请校外专家指导,还可以申请专项研究经费和设备。

"生活物理"现象,是最常接触的问题,也是学生较为熟悉的问题。开展"生活物理"问题的研究,对调动学生学习物理的积极性,掌握物理基本规律,会起到很好的效果。如气压式热水瓶的原理、吸水高度问题;滑杆式窗钩对窗的力矩作用;光控玩具的电路设计等等。只要教师在教学中做到有心、留心、专心,就可以启发学生发现课题、研究课题,在问题结果的追求中,升华自己的学习能力。

教学"人造地球卫星"的内容时,教师向学生介绍了这样两个基本事实。一、中国、美国、法国的卫星发射场都是建立在低纬度区域的(其中法国是建在法属非洲地区)。二、卫星的发射方向一般都是由西向东的,与地球自转的方向相同。这样的暗示,一下激起了学生强烈的好奇心。在回答了利用地球自转速度,提高卫星的发射速度问题后,学生马上提出了逆地球自转方向发射卫星的问题和极地卫星的发射问题,并饶有兴趣地开始了课后的讨论,使学生对太阳同步卫星和极地卫星的知识有了更多的了解。

例如,自感内容的教学中,为演示电车导电弓的跳火现象,教师自制了如图的实验:在两个铁架台中,拉了两条铁丝,并和12 V直流电源相接。小车中装有自感系数很大的线圈。线圈两端接有硬质铁丝,每一根铁丝的另端都以叉形(代替导电弓)和铁丝接触。

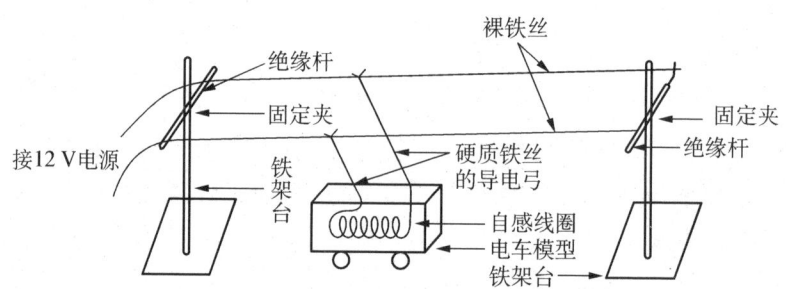

当小车运动时和铁接触的叉形导电弓由于接触的不良,在自感线圈作用下,放出了强烈的火花。这个实验,课堂演示时,收到了良好的效果。但教师并没有满足学生对这一现象的原理分析和解释,而是让学生们进一步研究它的现象和应用。两天以后,几个同学在课堂上宣讲了他们的研究成果《从自感放电到电焊机原理》。如图,将焊锡丝金属片,自感丝圈,电源串联起来。用卡钳夹住焊锡丝,与金属片形成快速的通、断动作,焊丝与金属片中就会形成放电火花,将焊丝熔化,形成液滴,滴落在金属片上,完成焊接。并由此推广到了光电誊印机和针式打印机的工作原理上。这一自研的

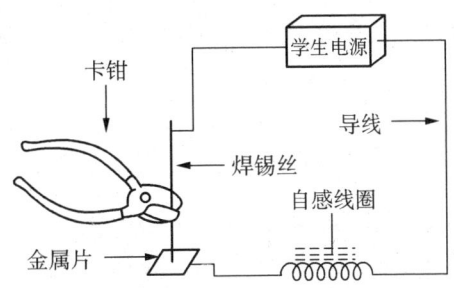

结果,把学生高阶思维的能力,表现得淋漓至尽。

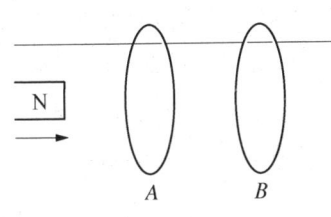

在自研过程,除了教师有意识启发和暗示学生发现问题、进行导研外,还应特别注意对学生在基本知识学习中,暴露和派生出的问题进行研究和讨论。如图,光滑杆上挂着两轻质金属环A、B,当A环左端有一磁铁逼近时,两环的运动情况将是怎样呢?这是电磁感应教学时,同学提出并自研的习题问题。讨论中有同学认为是A环右移,B环左移,相互吸合,也有同学认为是两环均右移,且边右移,边吸合。

如果就答案的正确性而言,只要肯定后者即可。但前者的回答,恰恰暴露了某些同学对楞次定律中,感生电流的磁场总是"阻碍"原磁通变化的"阻碍"二字不够理解。为此教师让同学们组成了两个不同阵营,相互质疑、答辩,从辨析中完成对"阻碍"和"阻断"的认识。这场辩论几乎用了一节课的教学课时。

学生们画了导轨上双导线运动的情况(图一)、螺线管外套线圈的运动情况(图二)、磁铁插入线圈的情况(图三)等数种电磁感应现象,从多个角度叙述了对"阻碍"概

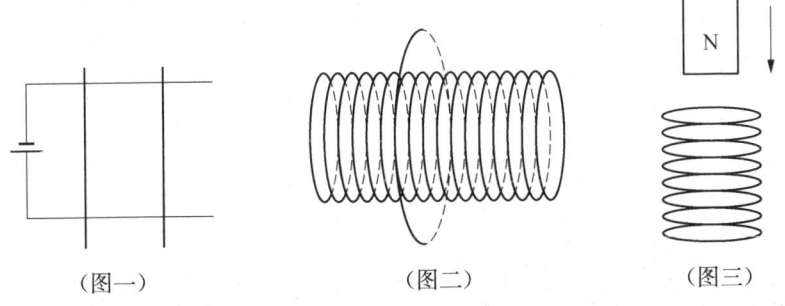

(图一)　　　　　　(图二)　　　　　　(图三)

73

念的理解,并最终正确地论证了 A、B 两环的运动情况,使楞次定律的这一关键概念学习,得到了强化。

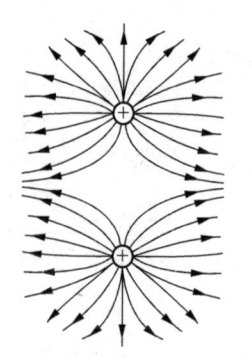

静电场复习时,教师也曾提出了类似的情况。如图,两个带 $+Q$ 的电荷相距 $2a$,在它们分布的场中,有一可以在围绕两个点电荷之外的距离较远的圆周上,并进一步以二价原子(核内有两个质子)的核外电子,绕荷匀速圆周运动的实例作为佐证。教师并没有简单地对后一种说法直接否定,而是发动学生自己研究讨论,并借来了有关原子物理的参考书籍,请同学们当场查询……,经过一番激烈的论证,学生们从核外电子轨道的佯谬到电子云的形状,从几率的意义到衍射条纹的实质,进行了条理分明的阐述,明确了这两者模型的不可比性,以及粒子绕双荷匀速圆周运动的不可能性。讨论中,学生们还对粒子重力不能忽略的情况做了进一步的发挥——可以在以点电荷连线为轴的上方平面旋转,并计算了这种情况下的回转半径和与点电荷的距离。

尽管这样的教学,在课时使用上较为"奢侈",但从效果上看,学生的潜能得到了发挥,学习的主体性得到了弘扬,确实使知识的教学,转变成了核心素养培育的综合教学,学生综合能力的培养得到了落实。

不久前,学生们接触了一道练习题,如图,已知 $U_{ab} = 10\text{ V}$,$I = 2\text{ A}$,且由 M 点流向 N 点,四个电阻的阻值为 $1\,\Omega$、$2\,\Omega$、$3\,\Omega$、$4\,\Omega$,试问,电路的组成可能有哪几种,分别对应的安培表读数多大。由于题目本身难度较大,教师让学生课后进行讨论、研究。经过自研,除按参考解答方法对电阻进行讨论求解外,学生们还设计了更好的解法:

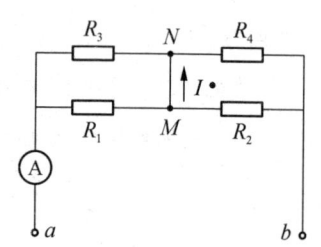

设 R_1、R_2 上通过的电流分别为 I_1、I_2,

∵ $I_1 - I_2 = 2(\text{A})$,

∴ $\dfrac{U}{R_{13} + R_{24}} \dfrac{R_{13}}{R_1} - \dfrac{U}{R_{13} + R_{24}} \dfrac{R_{24}}{R_2} = 2$,

从而解得:

$R_2 \cdot R_3 = 10 + R_1 \cdot R_4$,

R_1、R_4分别为1Ω、2Ω或2Ω、1Ω;

R_2、R_3分别为3Ω、4Ω或4Ω、3Ω。

这一解法,不仅避免了讨论求解的繁锁,而且从思路上看,也更加清晰,学生们思维的火花,又一次闪现了出来。

学生自研的问题,有些是能够在课堂中解决的,有些则需要建立课题组进行课后或较长时间的研究,对于这些问题教师要花更多的时间予以关心和指导,保护学生的积极性,保护学生的创造性。

今年三月,在教学光的折射时,就有同学提出了"海市蜃楼"的现象能否利用实验再现的问题。为此教师让学生们组建了该问题的课题组,并进行课后研究。第一步,课题组同学完成了"海市蜃楼"的理论解释。第二步,开始了材料选择和实验设计。从目前的设计方案看,学生们的想法主要分为三种。第一,不同折射率的玻璃砖叠合而成的装置(图一);第二,不同密度的玻璃水箱或气箱叠合装置(图二);第三,不同温度的玻璃水箱或气箱叠合装置(图三)。

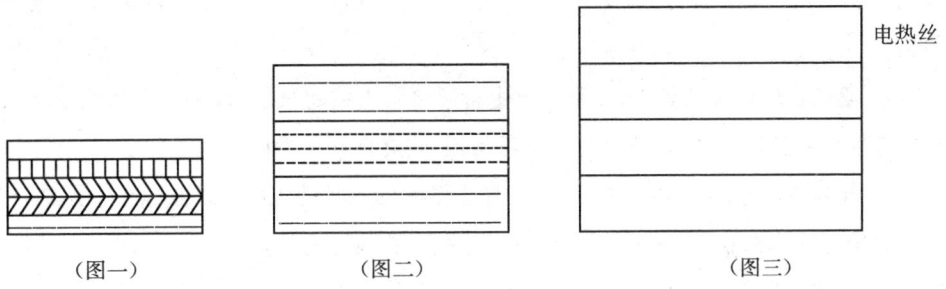

(图一)　　　　　　(图二)　　　　　　(图三)

接着同学们完成材料的选择和数据的测定,学期结束前,完成了实验报告。尽管现在的实验效果还不是很理想,但"海市蜃楼"的现象已经可以进行出不错的演示。

静电的测量,教学中多是用验电器来完成的。同学们提出了用电流计测量的设想后,也成立了研究小组。根据场效应管的特性,研究小组组装了电路,并进行了实验和调试,取得了很好的效果。这一作品还参加了上海市青少年创造发明作品申报和青少年创新大赛的成果评选。

应该说，把教材的内容作为自研的内容，把学科知识的学习和社会生产、生活实际问题相结合进行自研是学生主动学习和能力提高的重要标志。只有在学习中不断钻研，开拓视野，才能发展学生的学习兴趣，保持学生学习中的持续性追求，发挥学生的主动建构意识和思维能力。"自习自研、师生互动"的教学策略，正是朝着这个目标进行着有益的探索。

构建新的教师行为模式

任何一种教学策略，都需要教师的组织和落实，都需要教学策略和教学方法的支持，自习自研师生互动的教学策略的实施，对教师课堂教学也提出了更高的要求。

一、教师行为模式的主要内容

在教学过程中，教师的行为模式，是一个极为重要的问题，"身传言教"、"师德师风"，实际上也都是这个意思。而具有良好的行为模式，其前提条件必须尊重学生、相信学生、平等对待学生。同时，教师自身必须具备勇于探索、不断学习的积极态度，这样才能真正做到"师生互动"教学相长。具体来说，教师的行为模式应该包括：

1. 遵循建构主义的理论，注重对学生自习自研兴趣的激发，鼓励学生积极主动认真的参加自习自研过程，形成良好的学习习惯，建立良好的学风。

2. 起到帮助作用，对学生自习自研的过程进行适时的点拨，如难点问题的辨析、主线和中心的把握、方法的概括等，帮助学生提高自我建构的水平。

3. 支持学生合作学习的开展。可以成立讨论小组、课题组等，运用集体讨论、相互启发、头脑风暴等方法，进行合作学习的引导。

4. 形成具有激励作用的评价方法，鼓励学生持续性的开展自习自研的建构过程，并在这一过程中加强师生互动、做到教学相长。

5. 具有不断学习和钻研业务的人格魅力，也应成为学生积极参与自习自研不断提高自身学力的典范。

尊重学生、向学生学习、教学相长，在这方面我有着深刻的体会。

早在1988年,我就听说美国科学家正在研究通信卫星的第二轨道问题。从物理教师的角度看,这似乎是不可能的。多年来,我也曾翻阅过一些文献,但始终没有详细的资料。后来在进行太阳能知识教学时,一篇学生论文再次提出了这个问题。我找到这个同学,请他为全班做了专题发言,原来这是利用太阳帆船所受到的光压来实现的。学生的帮助,使我解决了多年缠绕心头的问题。

离子筛发电技术、水果发电技术,都是近年来国外研究的新兴技术。进行《能源的开发和利用》教学时,我老老实实告诉同学,对这些问题,我只是知其然,而不知其所以然。也许是真诚的态度打动了学生,时隔不久,几位同学就送来了专为我收集的有关这方面的资料。看着这些资料,我由衷地感谢这些同学,也深深地为我们同学的成长而骄傲。

再以圆周运动的向心力教学为例,向心力的大小与物体的质量、速度平方和转动半径有关的教学演示装置,在使用时基本上能给出定性的结论,但从定量的角度看总觉得不尽人意。教学中,我演示了现有的四种向心力装置,进行了比较,最后向同学们表示了我希望进行改良的想法。时隔一周,同学们就画出了电脑控制、激光控制、频率控制的近十种设计的草图,并在课堂上进行了热烈的交流。尽管从教师的角度看,有些设计显得比较幼稚,考虑的因素还不够全面,但从教师行为模式引发的学生主动创造的效果看,却是非常有意义的。

二、舍得教学时间的"奢侈"

学生的交流与总结,在我们的教学策略中,占有极为重要的地位。"自习"基础上的交流总结,往往是在全章教学的初始就进行的。这时的总结交流,要求学生综述教材的内容,对教材的线索、框架有较为清晰的认识,同时还要求学生明确教材的重点和难点等等。像前述两例中编写的提纲和内容结构,就是这一要求的具体体现。

从形式上看,学生的交流与总结是学生对知识内容的自我建构与整理提炼,是学习的反馈与促进。从功能上看,则又包含了合作学习、师生双方共同发现问题、提出问题、进行自研的内容,为学生进一步的学习和教师的导习、导研,提供了方向性和针对性。

"自研"基础上的学生交流和总结,则是对学生所提出问题的释疑、解惑,对所学知识的进一步深化和应用。从课堂教学的角度看,对物理问题多层次的审视分析,对物理规律多角度的理解认识,对物理过程多方位的比较研究,是培养学生发散性思维和求异思维落实的基点。

正因为这样,为了推动学生的"自习、自研"活动,教师必须拿出足够的教学时间,安排学生的交流、总结活动,舍得教学时间的"奢侈"。

以下是我在《直流电路》一章教学中的教学安排,全章15课时,其中自习课、实验课、练习占用4课时,教师讲述3课时,其余均为学生交流总结,整章教材按内容分"块"安排如下:

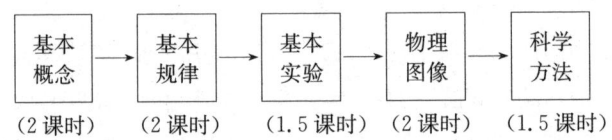

这一章里,学生交流总结的时间超过教学时间的50%,而且全部在教学课时中提供。我认为,必须在课堂上给学生充分的活动时间,这样才能保证"自习自研、师生互动"教学策略的顺利开展。

随着自习自研的深入和学生活动的增加,教学计划与学生活动的发展往往发生冲突。学生问题提出来了,研究讨论开展起来了,但教学计划却因此而打乱。碰到这种情况,我总坚持教学计划为学生活动让路,宁愿重新调整自己的计划,也要把学生的自习自研放在第一位。我想,这应该是坚持现代教育理念,坚持课堂教学为学生发展服务应该具有的勇气。

三、教学中的点拨

在我们的教学策略中,学生的活动时间增加了,教师则更应着重研究哪些是学生自习时容易忽略的问题,哪些是需要再进行点拨的问题,哪些是需要让学生研究的问题,用怎样的教学手段,启发引导学生发现问题、提出问题进行研究?用怎样的教学过程,培养和发展学生的创新精神,这就对教师的教学备课设计和教学方法提出了更高的要求。

以下,是我在匀变速直线运动中教学处理的一例。

匀变速直线运动中的运动规律 $s = v_0 t + \frac{1}{2}at^2$ 是从实验中得到的,而从平均速度的方法出发,导出匀变速运动的图像——一条直线,是教学中应特别予以强调的过程。而这一过程,又恰恰培养了学生的思维能力。思维能力的发展,必须在原有知识结构的基础上,以某一载体发生进行,是一个感悟的过程。因此,教学语言应该精炼,教学内容应该形象。教师的任务,就是通过抽象思维的形象化,使学生在认知能力和思维水平上产生一个新的飞跃。为此,我设计了电脑演示软件,从平均速度出发,完成了 $\Delta t \rightarrow 0$ 时,即时速度的电脑图像,较好完成了抽象思维的形象化过程。

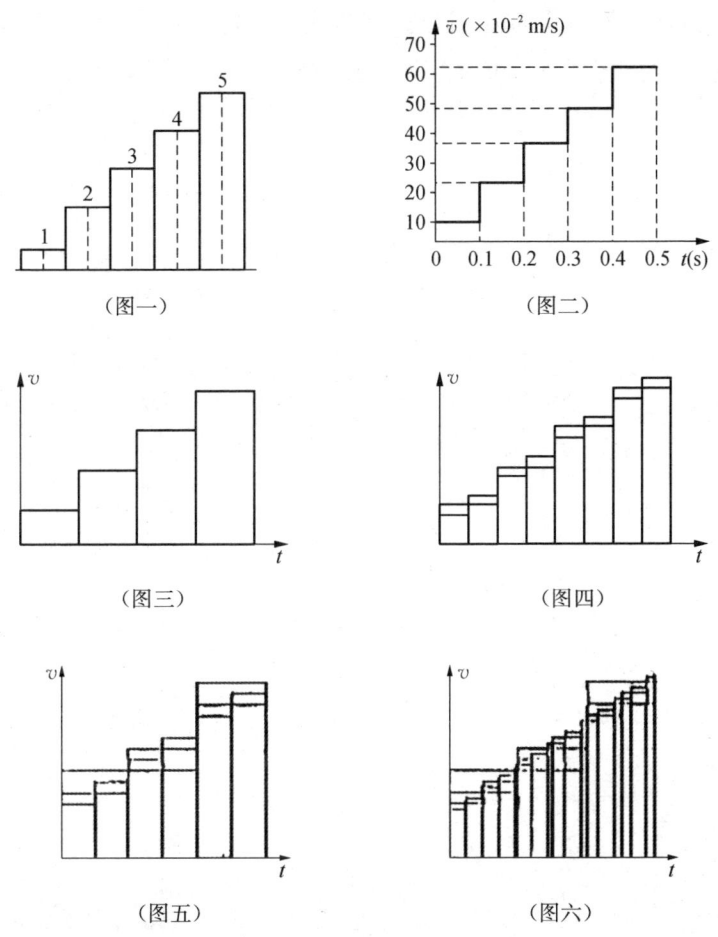

(图一)　　　　　　(图二)

(图三)　　　　　　(图四)

(图五)　　　　　　(图六)

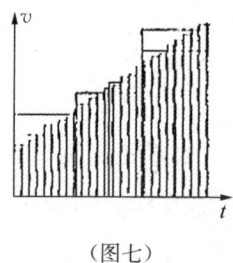 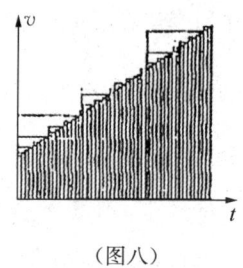

（图七） （图八）

  自习自研师生互动的教学策略，其核心是对于教学的理解和把控。

  从本质上讲，自习、自研就是主张学生学习中的自我建构、帮助学生学习中的自我建构、引导学生学习中的自我建构。不论是"粗放型自习"、还是"精密型自习"或是"教材中问题的研究"、"生活中问题的研究"，都是通过一定的形式和方法，激发学生学习中的追求意识，促进学生学习中的自我建构。

5 支撑建构的学习方式

我们总是听说,中国学生的基础知识扎实,解题能力和水平很高。而动手能力不强,特别是对于一些真实问题的研究能力更为薄弱。但是,事情总是有出人意料的地方。

1998年,市西中学保送新加坡大学的小陈同学,进校一年以后,就和其他同学一起开始了《中国和新加坡基础教育考试方法的比较研究》。这个课题不仅令小陈同学所在大学的指导老师诧异,也在他的很多同学中引起了震动。"中国的学生也能进行这样的课题研究?"、"如此课题的研究能取得结果吗?"小陈同学不畏传言,和几个同学一起组织了研究小组。他们调研了国内北、上、广和部分"高考大省"学校的基本情况,搜集了近千份的考试试卷。同时对新加坡的数十所学校也进行了调研,不仅采访了新加坡学校的老师、学生,还采访了新加坡教育部副部长、考试中心的行政长官。近两年的调研分析,使这一课题的研究获得了极大的成功。不仅获得了学校论文成绩的最高等级,也被呈送给新加坡和国内北上广地区的教育管理部门。

无独有偶,2003年市西中学考入澳大利亚墨尔本大学的小苏同学,在课题研究时选择了《阿华河口鱼群洄游的研究》。在当地老师和同学质疑的眼光中,她借助曾经在中学阶段开展的《长江口脊尾白虾资源的研究》方法，进行文献查询、实地考察、走访相关研究机构、亲临调查海面取样、持续性监控鱼群数量，非常出色地完成了这一研究。

还有一件事也让我至今难忘。2000年的一天，我接到了一个来自德国的电话。那是市西中学的毕业生小陈同学的国际长途，他请我帮他寻找他当年在学校所做的《头部可以转动的牛》论文和图纸，并传真给他。原来小陈同学在报考慕尼黑机械学院时，招生官对来自中国学生的研究、设计能力有所怀疑，要求小陈同学举证说明。第二天，通过档案室我传真了小陈同学当年的论文和图纸，使小陈同学顺利地被慕尼黑机械学院录取。

上面三位同学的成功得益于1995年起市西中学就开始实施的高中研究型课程。正是在这样的课程学习中，学生具备了经历和感悟，也获得了课题研究的经验。

随着上海市课程教材改革的发展和深入，高中研究型课程作为极具有特质的课程，已经成为了上海市各高中学校必须设置的课程，学生的课题研究论文或成果，不仅被各学校收集汇总成册，也已经成为对学生综合评价的一个重要指标。

汽车重力发电的模拟实现

从现有研究型课程的结构看，研究型课程主要包括了开拓视野环节（如现代科学知识或社会热点问题的介绍），学生兴趣激发或特长发现环节（如实验室参观、小制作展示等），学生课题自主建构环节（如问题转变成课题或头脑风暴形成课题等），学生课题的研究过程（如文献收集、方案设计、调研活动、动手实验、收据采集分析、结论的考量等），课题研究的交流答辩环节（如课题研究展示、论文宣讲以及专家答辩等）。这些环节，特别是学生课题的研究过程和交流答辩过程，将带给学生全新的学习方法，也使学生获得更多能力培养的经历。

学生研究能力的培养，是学校教育、教师教学所要培养的重要内容之一。2014年以来，在上海市的课程标准修订中，能力矩阵和核心素养的培育已经成为了修订工作的一个亮点。而研究型课程中学生研究环节，正对应了能力矩阵和核心素养中的诸多元素。

汽车重力发电的模拟实验

【年级学科】高中研究型课程

【属何范畴】研究性学习

【案例内容】

这是研究型课程教学中,《汽车重力发电》课题组的研究过程:

(资料查询阶段)

据有关资料介绍：汽车重力发电是1976年国外开始研究的一种新型发电技术。它的设计思想是在汽车通过的路面上,铺设一组高出地面约20 mm、宽约760 mm的金属板(俗称冲击板),利用行进中的汽车重量,通过压迫冲击板进行发电。每块冲击板的下面,都设有一个充满液压流体的容器。汽车驶过冲击板时,车重可使容器产生很大的压力,迫使流体从管道流向指定方位,带动发电机发电,然后再经过管道,重新流回至容器中。据计算,每辆一吨重的汽车,驶过金属板时,可发出约1.5 Kw·h的电能。因此现代化城市的交通干线路口,是安装这一发电设备的理想场所。在美国纽约市已实验安装了这样一套装置,并于1981年开始供电。其每度电的价格比美国现在平均电价的1/4还要低。不过这种发电技术,现仍处于研究和试行中。

在研究型课程的科技阅读中,学生们阅读到了上面的内容,对这一技术产生了浓厚的兴趣,但有关这一技术的细节,尽管进行了多方资料查询,仍然毫无结果。

(研究设想阶段)

参与本课题研究的同学,分成了三个小组,集思广益。同学们根据自己的生活经验,分别提出了几个模型,较为典型的有弹簧式旋转发电装置和风箱式气压发电装置。

1. 弹簧式旋转发电装置

如图,靠近地面处为一个双层支架,将套有弹簧的传动杆穿过支架上的孔,一端连接金属板,另一端连接类似于缝纫机的转轮,金属板的上下起伏,就可使转轮转动,从而带动磁场中的线圈运动。

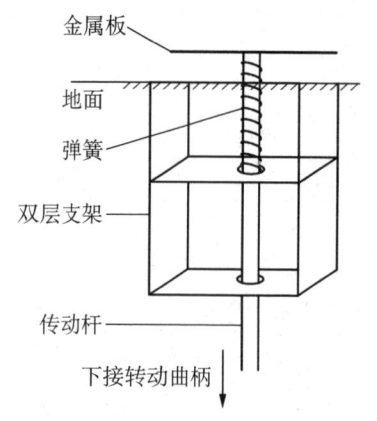
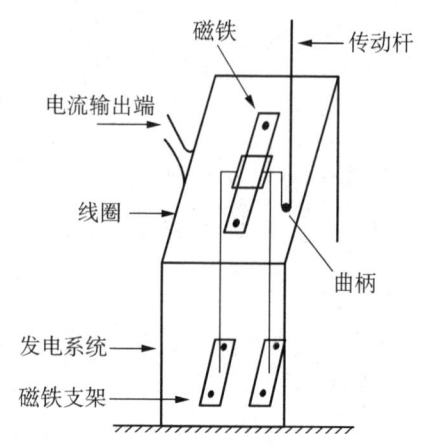

2. 风箱式气压装置

相当于将一个风箱竖直起来，A、B 位置分别为内外两个活动门风口（A 只能向外开，B 只能向内开）。金属板压下时，高压气体从 A 冲出，带动叶轮转动。金属板释放时，A 关闭，B 打开，气箱重新充气。

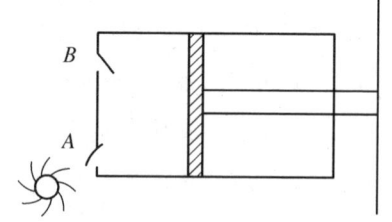

（集体论证分析）

初步方案形成之后，学生们开始运用"头脑风暴"对方案进行论证分析：同学们提出如下的意见：（一）弹簧系统容易产生金属疲劳，不适合永久实施；（二）当转轮转至一定的位置时，会出现"自锁"现象，使装置失灵；（三）风箱装置需要外界提供大量气源，如果埋在地下，难以实现；（四）风箱装置，为非封闭系统，必然要受到水气的腐蚀。

（创造思维运用）

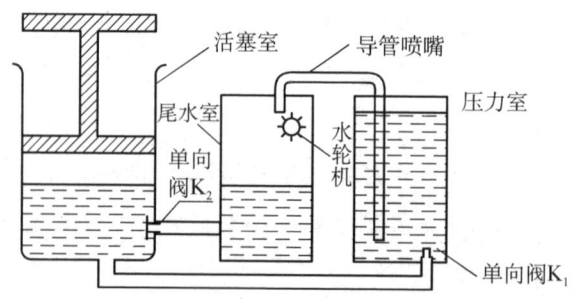

那么应该设计怎样的装置呢?课题组再次组织同学翻阅资料,分析其他发电装置的原理,予以借鉴并开展联想。一天,学生们看到了"波浪浮桶发电"的装置。海面的浮桶利用波浪的冲击,上升下降,使液压装置中的液体冲动水轮机。同学们忽然有了灵感:如果把该装置倒过来使用,不就是金属板上下运动的模型吗?

(实验设计阶段)

学生们绘制了原理图:金属板受压时,活塞下行,使活塞室内液体压力增加,原来关闭的阀门 K_1 打开,阀门 K_2 被关闭,液体经 K_1 流向压力室,使原来压力就高于其他室的压力室液体,从通向尾水室的管道冲出,冲动水轮机,进入尾水室。

(数据采集及实验阶段)

实验原理的设想成功,还意味着要对相应的数据和器材进行选择和模拟。活塞室界面的大小对水位高低有影响吗?压力室初始水位距出水口边缘应该多少距离?单向阀选取什么类型?根据开启压力选取什么样的容器?

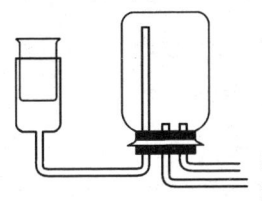

经K_2与尾水室相连
经K_1流向压力室

同学们开始了一次次的模拟实验,将插有玻璃管的广口瓶,用橡胶软管与注射器相连,构成活塞室。压力室和尾水室也可依照此法,用插有玻璃管的广口瓶代之。阀门只好通过不同的实验根据记录的数据进行分析。K_2 因密封要求不高,采用普通的止水阀即可。而 K_1 因密封性能要求较高,一般止水阀已不能使用。经过近百次实验比较,最终选用了 DIF-LIOH 内簧式阀门,开启压力为 0.4×10^5 Pa,当注射器针筒直径为5 cm,所施压力(砝码)为 10 kg,且活塞室和压力室液面高差不大于 1 m 时,完全可冲开此阀,活塞移动的距离约为 2 cm,现象非常明显。

(课题总结阶段)

汽车重力发电的模拟装置成功地完成了。学生们撰写了实验报告《汽车重力发电的模拟实验》,总结了课题研究中的研究方法和思维方法,同时参加了课题研究的答辩和作品展示。

这是一个研究型课程实施的典型案例。它包含了资料查询、提出假设、实验验证、数据分析、交流展示等多个研究型课程所必需的环节。而在这个过程中,学生通过合作学习、思维能力、动手能力等方式,完成了自己的研究和制作,提供了学习和研究的经历和感悟，达到了研究型课程学生培养的目标和要求。

研究型课程在实施中也需要教师的教学，教师在课程教材改革中也应该成为能够胜任不同类型课程执教的复合型教师。

那么，研究型课程的教学又应该关注些什么呢？

事实上，有相当多的学生研究型课程的课题研究内容是很深奥的。例如《飞机机翼湍流的研究》、《无人机飞控算法语言的分析设计》、《物联网嵌入式程序的编写与实现》等等。对于这些内容的课题研究，从学术的角度看，教师限于自身的专业知识，是很难予以具体的指导的。因此在这种情况下，教师要特别注意做好这样几件工作。

第一，帮助学生制定合理的、完整的、具有可操作的研究方案和研究计划。

第二，督促学生落实研究计划和步序。

第三，在学生需要帮助的时候提供帮助，特别是学生需要外部支持和帮助时，教师更应该主动开展外联活动。

近几年来，在指导学生进行课题研究时，我们就先后联系并组织学生到上海市基础物理研究所、上海市计算技术研究所、交通大学等高校和研究机构，就学生研究中遇到的一些困难，寻求专家的支持，收到了较好的效果。

学科研究性学习

研究性学习主要指的是学科背景下的问题研究或课题研究。不同于研究型课程的课题研究，它的指向和特征都是较为清晰的：服从于学科课程目标，以学科教学内容为主要线索，更多的融于学科教学的过程，且大部分活动是在课堂完成的。

这类研究的问题（或课题），其开放度比研究型课程学生的研究课题的开放度要小，有很大的一部分，是由教师根据教学要求提出或引导学生提出的。这种课堂上学科探究的结论，也是教材或学科科学已经具有定论的。另外，课题的研究报告，也较研究型课程的课题研究报告简单一些。因此，教师对学科研究性学习的目的和过程，应该有更为清楚的认识和了解。

学科研究性学习，也包含了问题的提出、结论的假设、论据的搜集、头脑风暴、数据采集和分析、结论的获得、交流展示等环节。从这个角度看，它也是培养学生发现能力、研究能力的重要过程。要让学生获得学习中的研究经历,要让学生养成学习中的研究习惯,教师应该利用好学生学习的各种契机,特别是学科学习这个学生接触最多、也最为寻常的学习过程。而从另外一个角度看,学生的学科研究性学习,教师开放了课堂、增加了学生自我活动、自我实践的时间,解除了学生学习中的思维束缚,也是发展学生学科学习兴趣的良好手段。

这是一个"单摆周期与摆长关系探究"的实验室教学案例。

前课复习：教师组织学生对于单摆模型的复习(摆线长远大于摆球半径、摆角小于5度、阻尼不计)。

教师展示：四组单摆(每组包含5个不同的单摆)。其中A、B、C摆的摆长相同,但摆球质量不同；C、D、E摆的摆长不同,摆球的质量与C摆的摆球质量相同。

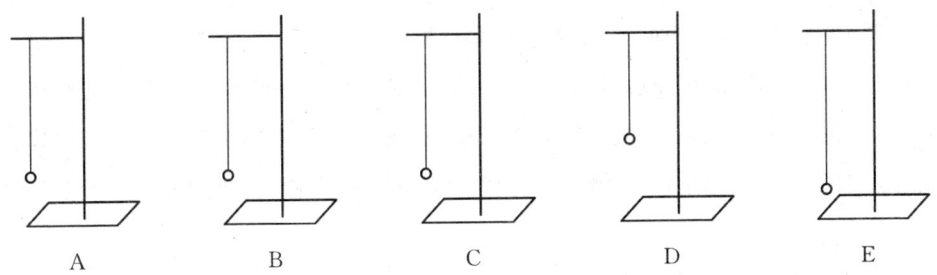

学生探究活动一：测量不同质量、不同摆长单摆的周期(光电门计时器,图中未画出),发现影响周期的因素。

活动一现象：尽管质量不同,只要摆长相同,单摆的周期相同,如A、B、C摆。

尽管质量相同,但是摆长不同,单摆的周期不同,如C、D、E摆。

活动一讨论：不同现象说明了什么？

活动一结论：单摆的周期只与单摆的摆长有关。

活动一方法：控制变量法。

学生探究活动二：摆长与周期的关系。

实验测量：不同摆长对应的周期。要求至少不低于6组数据。

数据采集：以表格形式记录。

数据分析：采用计算器进行数据拟合。

教师指导：拟合关系可以采用 3 次方、2 次方、1 次线性、1/2 次开方……

学生交流：数据拟合情况。

探究结论：单摆周期正比于摆长的平方根，即

$$T\propto\sqrt{l}$$

从"单摆周期与摆长关系探究"的课堂教学案例中可以看出，学生真实体验了问题发现和问题研究的各个环节，至于结论的本身，倒并不是最为重要的。学科教学中的研究性学习，追求的正是这种问题研究的过程，追求的是学生学习中研究习惯的养成。如果在本案例中舍去了探究的过程，仅仅给出摆长与周期关系的这样一个结论，不仅教学本身显得很苍白，也使学生学习枯燥乏味，只是增加了学生单摆内容的一个死记硬背的结论而已。

学科中的研究性学习的方式，可能是多种模式的，并不一定都具有上面案例中动手实验的过程。例如，可能通过文献资料的阅读，发现问题或课题，通过讨论和辨析最后获得结论。也可能是对于某些现象的观察，发现问题或课题，在分析和头脑风暴的基础上，获得结论。但是，不论哪一种方式，假设-求证-合作-交流的环节一般都是具备的。

研究性学习是学生通过自己再发现知识形成的步骤，获取知识并发展研究性思维的一种学习方式。强调的是研究的过程而不是现成的知识。在研究性学习中，学生的任务不是接受和记住现成的知识，而是参与知识的发现（或为再发现），教师的主要任务也不是向学生传授现成的知识，而是为学生发现知识创造条件和提供帮助。研究性学习如果粗分，主要可以分为三类：第一类是体验发现型，学习的课题、假设、验证用的资料事先全由教师预先预备好，学生凭借已有的经验。从几种假设中选取一种，并围绕所选取的假设开展讨论。像上述的案例，就属于这一种类型。第二类是指导发现型，教师提出学习课题，设想、假设全由学生做出，但是验证假设用的资料教师事先准备好，或者由学生提出要求，教师再准备。第三类是独立发现型，课题由学生自己或者教师提出，整个过程由学生自己独立进行，教师仅仅是学生学习的辅助者、组织者。

我们可以来看这样一个案例。

这是学生在学习了"利用磁通量传感器测量螺线管内部磁场"实验以后，利用类似

的方法提出的设想,"研究磁铁下落过程中的重力势能与电能之间的相互转化。"他们利用如图装置将内阻 $r=40\ \Omega$ 的螺线管固定在铁架台上,线圈与电流传感器、电压传感器和滑动变阻器连接。滑动变阻器最大阻值为 $40\ \Omega$,初始时滑片位于正中间 $20\ \Omega$ 的位置。打开传

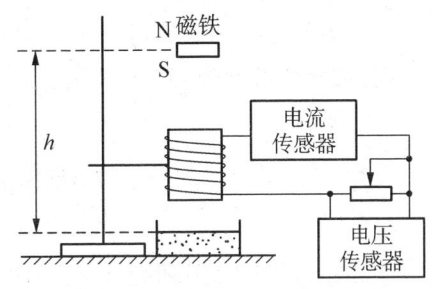

感器,将质量 $m=0.01\ \text{kg}$ 的磁铁置于螺线管正上方静止释放,磁铁上表面为 N 极。穿过螺线管后掉落到海绵垫上并静止(磁铁下落中受到的阻力远小于磁铁重力,不发生转动),释放点到海绵垫高度差 $h=0.25\ \text{m}$。

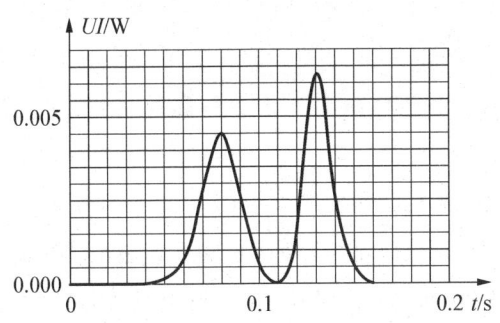

这个研究的开始阶段并不顺利。传感器上获得的是外电路上滑动变阻器的电流和电压,磁铁重力势能转换为电能应该通过怎样的参数来分析,实验应该以什么样的图像呈现、怎样解读呢?

为此,教师提出了几个问题请同学们思考。螺线管、滑动变阻器组成的回路,电源是什么?(螺线管)。传感器测量的是什么?(外电路电流电压参数)。重力势能转化为电能应该包括哪些内容?(内电路与外电路的焦耳热)。如果既有电流又有电压的参数,如何表示焦耳热呢?

教师的问题促使学生开展了进一步的思考。特别是对于图像的呈现方式有了更加明确的思路,设计了计算机屏幕上显示的 $UI-t$ 曲线(电源输出功率随时间变化的图像),并对它的物理意义、两处峰值的出现,有了良好的解释。

但是,图像是曲线的,如何累加呢?外电路电功如何转变成全电路电功,进而得到重力势能的转化呢?教师再次组织学生回顾运动学中 $v-t$ 图像中关于面积的计算,组织学生对全电路欧姆定律进行复习,从而通过"数格子"或"近似矩形"的处理,通过电路外电阻与总电阻之比,完成了这一研究测量。

对于学科研究性学习活动,由于内容的属性、研究的方法都是学科教师较为熟悉的,所以在这类研究中,教师有着较强的指导能力。这种情况下,教师一方面不要越俎

89

代庖、包揽一切。另一方面，一定要在关键时刻给予学生启发性的、有质量的思考，使研究性学习与学科学习有效沟通，启迪学生的智慧。

学科研究性学习中教师的行为

其实，不论学生的研究型课程课题研究或是学科范畴的研究性学习，教师教学的目的都是非常清晰的：通过准科学研究的方式和过程，改变学生成为被动的"知识接收器"模式，让学生学习和体验发现问题、解决问题的方法，熟悉和习惯这种方法，从而迁移到其他方面，形成学生知识结构更新建构、能力培养的有效过程。

教师在学科研究性学习的教学（特别是指导学生的学科研究性学习）中，应该全面理解课程目标，仔细研读教材，真正落实教材中已有设计的研究性学习内容的实施。随着上海市基础教育课程教材改革的不断深入，教材在设计编写时，已经在学生研究性学习方面，增加了很大的力度。

例如，牛顿定律学习的设计，教材的设计就是利用控制变量的办法，在质量不变时，探究外力和加速度的关系，在外力不变时，探究质量与加速度的关系。通过学生实验、数据的获得、图像的绘制，发现物体加速度与外力、质量的关系。除此而外，热学中波义耳定律内容的学习设计、电磁学中电磁感应定律内容的学习设计等，都是典型的案例。学科教学时，教师应该仔细研读教材、体会教材编写的意图，利用好这样的学习内容，设计和组织好学科学生的研究性学习。

按照教育学理论的分析，班级授课制时教师的"讲授法"效率相对而言是比较高的。但是这种"效率"如果仅仅是用于描述学生对知识的了解、接受、获取，那还是远远不够的。学生学习中知识的建构如果只是以"灌输接受"方式完成，那么，这种建构的稳定性、持久性，就只能再依靠机械性的重复再现或重复操练才能予以维持。这种学习的模式不仅压抑了学生学习建构的主动性，也会淡化学习中能力培养的要求。所以学科教学中，要舍得投入教学时间，舍得拿出师生的精力，尽可能多的设计、安排、组织好学生的学科研究性学习。

除了教材已经设计的研究性学习内容外，教师在教学中还应该尽可能地挖掘能够开展研究性学习的其他内容，创造性地设计研究性学习的内容，有目的的组织学生开展学科内容的研究性学习,使学科教学内容更加充实、更为丰满。上面介绍的《静电除尘的教学》,就是教师日常教学中自己挖掘的案例。除此之外我们现在能够看到的很多教师《安培力》的教学,《动能定理》的教学,也都是教师自己教学中对于研究性学习的创造。

学生研究性学习中是需要教师有计划有方向的指导的。学科研究性学习中,这个问题更为突出。要保证学科课程教学目标的落实,要保证教学内容的完成,研究性学习,特别是课堂上的研究性学习,就更需要教师精心策划、仔细组织,有步序的引导,使学科研究性学习在促使学生能力发展的同时,落实学科知识的学习。就以《安培力》的教学为例吧,教学需要一系列的步骤和环节。

通电线圈在磁场中的摆动——教学演示

载流直导线在磁场中受力方向有什么规律——课题的提出

安培力实验器材的介绍——实验指导

载流直导线在安培力实验器材上运动现象再现——学生实验

电流方向的改变

磁场方向的改变

电流、磁场、运动方向的记录

电流、磁场、运动方向三者关系的模型制作

学生模型结果的对比分析

运动方向与安培力方向的进一步说明

电流、磁场、运动方向三者关系的抽象归纳

左手定则的引入

安培力应用的介绍

本节课教学的重点是确定电流、磁场、运动方向三者的关系(左手定则),而难点是三者关系的得出过程。学生的活动(实验和讨论)都是很充分的。但在"运动方向与安培力方向的进一步说明"时,学生会出现"斜向力"问题的干扰,这就需要教师提前设计,发挥教师的教学智慧和总体方向把握能力,做好必要的引导和解释,使学生的研究活动围绕着研究主线,落实教学要求。

研究型课程发展中有关问题的思考

研究型课程的构建实施,和研究性学习推进,是上海市二期课程教材改革中的一个重要内容。

研究型课程,作为研究性学习的重要载体,在凸显学生的主体地位和主动精神,培养中学生的创新精神和实践能力,促进学生个性化、特性化的发展,融合"接受性学习"和"研究性学习"两种学习方式等方面,起到了重要的作用。同时,研究型课程的构建和实施,还积极促进了学校在课程建设,课堂教学改革,师资队伍建设等方面的改革。

但是,随着研究性学习的深入,在研究型课程的实施中,也出现了一些应该引起我们更多关注、加以认真研讨的问题。如研究型课程的实施途径及有效性问题,学生课题研究的质量问题,网络背景下的学习、指导问题等等。因此,以研究性学习为背景、以二期课改的课程建设为背景,开展对这些问题的研究,对于研究型课程的发展,一定能起到积极地推动作用。

一、研究型课程的实施途径问题

作为一门培养学生思维、科学方法、研究能力的课程,我校的研究型课程集中了六个板块的内容(思维科学、科技知识、科研方法的学习和课题发现、课题研究、课题研究的总结)。应该说,从研究型课程的培养目标看,这些内容确实是需要和应该开设的。但是从现有的1—2节课的教时安排看,课时的紧张又给课程的实施带来了一定的困难;学习的时间几乎需要近一个学期,而学生的课题研究,基本上只能利用双休日、节假日和寒暑假时间。

如何利用现有的教育教学活动,争取多渠道、多途径实施研究型课程的教学,不仅是对学生的减负所必需的,也是提高课程的有效性所需要的。

为此,我们提出了在科技教育活动中、在学生社团活动中、在社会实践活动中和在基础课教学过程中,实施研究型课程有关内容的方案。将思维方法、科技知识、研究方法的内容,渗入到上述活动中。特别是将课题研究的内容,融合到这些活动中,为学生课题研究的实践,提供更多的时空和载体,保证课题研究的规范性和可操作性。

当然,研究型课程的专用课和科技教育、学生社团、社会实践等活动的多重融合,必然会对选修课、拓展型课程、社会实践甚至基础型课程的内容、安排、管理,提出新的要求,产生相应的影响。如何解决这些问题,正是值得我们认真研讨的内容之一。

二、网络背景下研究型课程施教的有关问题

网络技术的发展,对学校的教育教学活动,产生了很大的影响。网络背景下研究型课程的实施,也使得研究型课程更具有时代特色和科技特色。但是几年来,研究型课程中的网络应用,主要是对于网络资源的开发和信息资料的查询、收集、整理。应该说,这个方向是非常正确的,培养学生对于信息资源的处理能力,确实是我们研究型课程培养目标中不可缺少的内容之一。

但是,利用网络开展学生之间的合作学习,开展学生课题研究的交流,定期进行课题研究信息和成果的发布,开展师生间的网上交流、即时指导,形成真实意义上的跨学校、跨地区甚至跨国域的多方的研究交流活动,仍然处于不甚理想的状况。一方面,这是研究型课程的学习交流,缺乏较好的网络平台支撑,由于软硬件条件所致;另一方面,则是未能形成良好的网络交流氛围、缺乏网上合作学习的习惯,缺乏网上学习、指导的意识和应有的规范所造成的。

网络背景下研究型课程的实施,特别是学生课题研究过程中的合作、交流、相互指导,不仅是对学生学习方式、学习习惯的培养;是对指导教师教学理念、教学模式、教学方法改革的促进;还是提高学生课题研究质量的有效措施之一。同时,从某种意义上讲,它还是远程教育实施的实践和范例。

近年来,有关网站(如优异网)已经先后建立了一批研究性学习网站。我校和许多兄弟学校也都建立了类似的网站。充分发挥这些网站的功能,提高师生网络学习交流的意识,建立学生课题研究的讨论制度、发布制度,建立指导教师网络联系和指导制度,明确师生在研究过程中进行信息交流的要求,是我们在研究型课程施教中,应该着力加强的一个内容。

三、利用社会力量提高学生课题研究层次的问题

在学生课题研究中发挥社会力量的作用,对于开拓学生的研究视野、开阔思路、更

好地学习科学方法、提高学生课题研究的水平和层次,有着积极的作用。

几年来,在研究型课程的发展中,我们建立了校外老科技工作者指导教师队伍;邀请了部分科研机构和高等学校的专家教授来校做专题辅导报告;在上海理工大学的支持下,建立了创新实验室;在部分家长的支持下,对某些课题做了专门指导。在利用社会力量方面,做了一些探索工作,但总体来说,还是很不够的。

我们希望学生课题的研究,能从立项开始就得到专家经常性地指导;希望某些课题的研究,能充分利用高校和专业研究机构的设备和仪器;希望学生的研究过程和结果,能和学生的进一步深造、高校的录取、选拔有更大的相关度,得到社会方面更多地、客观地评价;也希望某些课题的研究,能和学生将来进入高校后的学习、研究挂起钩来。这就需要使学生课题研究的内容和专家的专长及研究方向有良好的结合点,学校能从管理的角度为学生提供更为宽松的环境,对利用社会力量指导学生课题研究的组织形式、指导形式、管理机制等问题,进行科学地规划,拟定切实可行的方案,保证利用社会力量开展研究指导的实效性。

四、利用创新实验室开展学生的课题研究

上海市许多学校的创新实验室,都是在研究型课程实施和发展过程中建设起来的。以市西中学为例,已经具有十余个子项内容:包括机器人、水处理、环保、生物、TI技术、自动控制、能源等。对于创新实验室在研究型课程中的功能,我们认为至少有以下三点:

第一,为学生提供了学习科学方法的载体。如:对水处理方法的学习、生物培养方法的学习等,就是通过具体直接的操作,了解和掌握这些研究的方法和过程,为进一步开展学生自选课题的研究(特别是对于内容和方法的选择),奠定了基础。

第二,为学生提供了开展课题研究的载体。如运用TI计算器和各种探头的功能,运用环保实验室的多种检测仪器,学生在研究课题中就可以从定性研究过渡到定量研究,并且把文献法、资料法、调查法的研究和实践操作的研究结合起来。

第三,为学生想象、创造能力的培养提供了载体。如:在机器人实验室和水处理实验室的学习实践中,尽管器材和配方是确定的,但是根据不同的功能、不同的环境、不同的要求,进行想象、设计、组合、调整,却完全是创造性和个性化的。

创新实验室的建设,丰富了研究型课程的内容,开辟了计算机应用的新渠道,为学生课题的研究提供了新鲜的手段和方法,已成为研究型课程发展中的新亮点。几年来,许多学校(如市二中学、风华中学等),都在创新实验室的建设和发展方面,进行了有益的探索,并取得了成功的经验。

但是,如何更加准确的对创新实验室定位;如何提高创新实验室在课题研究中的效率,特别是争取实验室更大的开放度;如何使创新实验室和学校原有基础实验室衔接、沟通;如何利用创新实验室开辟和增加课题研究的范围和内容,仍然需要我们进一步地探索和经过实践的检验。

除此而外,研究型课程的管理和评价、研究型课程的分层教学、研究型课程与基础型、拓展型课程的衔接、迁移等问题,也都有需要进一步完善和提高的地方,都是值得我们进一步研讨和分析的问题。我们希望能通过开展研究型课程的研讨活动,更好地交流各校研究型课程实施中的经验和做法,对具有通性和共性的问题,提出建议、制定对策,为提高研究型课程的有效性和实效性,促进课程的进一步发展,做出共同的努力。

6 翻转课堂的教学

现代信息技术是推进现代社会发展与变革的重要技术基础,教育的信息化则是课程教学改革、教育发展的重要依托。教育的信息化是指在教育领域运用计算机多媒体和网络信息技术,促进教育的全面改革,使之适应信息化社会对教育发展的新要求。

教育信息化的核心内容是教学信息化。教学是学校教育的中心工作,教学信息化就是要使教学手段科技化;例如,蓝牙技术的使用、DIS实验技术的使用等。教育传播信息化;例如,MOOC教学、远程教学、资源共享等。教学方式现代化;例如,预约学习的实现、翻转课堂的实施等。

教育信息化的另一个重要内容,就是实现教育管理的信息化和科学化。它包括了对学生的管理、对教师的管理、对资源的管理、对教育办公的管理、开放式办学的管理等。对深化教育改革,实施素质教育,具有重大的意义。

MOOC的出现给我们带来什么?

随着信息网络技术的发展,MOOC(大规模在线开放课程)的学习模式,已经开始融入了基础教育。MOOC、微视频、翻转课堂等,也已经成为了我们耳熟能详的概念。面对这种教育结构变革、教学方式变革的发展,我们不禁要问,MOOC 的出现究竟给我们带来了什么;MOOC 的推进,需要我们去做什么;MOOC 的实施,我们更应该思考些什么?

2011 年 10 月,斯坦福大学的两位教授安德鲁和特隆在网上开设了"机器学习"和"人工智能"课程。不久又分别成立了两个网络教育平台 Coursera 和 Udacity。2012 年 4 月,麻省理工和哈佛则共同创立了网络教育平台,提供了世界顶尖大学的大规模开放式网络课程(MOOC)。截止到 2013 年底,平台聚集了来自全球的 107 所大学的 558 门课程,吸引了全世界数以万计的学习者。这就是 MOOC 之名的由来。

但事实上,基础教育的 MOOC 比高校起源的更早。2004 年夏,住在波士顿获得麻省理工学院数学学士、计算机学士和计算机硕士的对冲基金分析师萨尔曼·可汗,为了给住在新奥尔良的表妹辅导数学,将讲课的内容制成视频,放在网上,让表妹自己看着学。没想到他的视频,无意中被更多的人看到,不仅受到了如潮的好评,而且真的为世界各地的许多人解决了数学学习问题。2007 年,可汗建立了可汗学院,讲课视频全部放在了网站上。2010 年,加利福尼亚 Losaltos 学区与可汗学院合作,在学区内选取了两个五年级和两个七年级班级试验"翻转课堂",取得了明显的效果。

那么,什么是翻转课堂呢?在家里,学生观看教师事先录制好的或是从网上下载的讲课视频及拓展学习材料,而课堂时间则是用来解答学生不明白的问题,订正学生的作业,帮助学生进一步掌握和运用所学的知识。2012 年,作为比尔及梅琳达·盖茨基金会主席的比尔·盖茨在谈及美国教育时是这样说的:"我高兴地看到,越来越多的学校'翻转'课堂,将单纯听课这样的被动学习环节安排在课外进行,课堂时间里教师与学生之间则进行更具有合理性、更具有个体针对性的学习,可汗学院就是一个非常好的范例"。

回顾 MOOC 的起源和历史。我们可看到,MOOC 确实是一场网络发展背景下,由信息技术引发的教育的革命,它改变了课堂的结构,改变了教与学的方式,将 MOOC 和传统教学进行了整合,也更好地发掘和利用了优秀网络教育资源。可汗学院等基础教育领域的实践,说明了 MOOC 和翻转课堂,在基础教育中有着强大的活力,对基础教育的发展有着重要的影响。特别是"翻转课堂"模式下,学生的主体性提高了,教师的角色和行为发生了变化。讨论增加了,师生、生生活动增加了,对话的时间增加了,思维碰撞的火花增加了。教师的教育理念得到了强烈冲击,学生学习的主体性得到了充分的发挥。

从MOOC现有的学习过程看,需要有内容学习的微视频、需要有学习配套的练习题或进阶训练题,所以它是网络学习与翻转课堂的基础。MOOC的学习方式,包括了网络学习方式、移动学习方式、学生自主学习方式、网络讨论方式。但在这其中,网络学习与移动学习的方式,应该是教学中重点关注的。要让学生接受并适应这种现代社会学习的模式,获得网络学习与移动学习的体验,为学生的终身学习奠定基础与习惯。从这个意义上看,教师应该积极参加MOOC及相关资源库的建设、采取可能的网络学习方法,鼓励和推进网络学习与移动学习。近几年来,教师微视频的制作、利用教学微信群发布相关的学习资料组织讨论,通过网络收集学生的学习问题等做法,都是在开展网络学习与移动学习的有益的尝试。

从现有资料看,目前我国基础教育的MOOC与高等学校的MOOC、与国外教育的MOOC,还有较大的差异。这主要反映在网络学习的认证问题方面。特别是基础教育,我们现在的制度,对基础教育学习的认证,需要在特定的场合(如具有监考的考场)、特定的时间(如毕业考、合格考、等级考的时间)、有特定的组织方(如教育考试院)进行组织实施。自发性的网上学习并通过网上认证,在目前的基础教育中,还没有实施。这也是前段时间对于MOOC争论的一个要点。随着网络教育的普及、MOOC学习认证制度的进一步设计完善,也许,这个问题将会得到解决。

从表面上看,MOOC特别是翻转课堂,似乎是教学形式、教学手段发生了变化,但深层地看,则是基础教育教与学方式的变革、是弘扬学生主体性的举措,不仅涉及到了教育理念和教学行为的转变,也涉及到了教育的根本问题——教给学生什么最重要。可汗在《翻转课堂的可汗学院》中指出:"在10年前或15年前,没有人能够预见人类今日的发展,既然我们无法准确地预测现在的学生们在10年或20年后需要什么样的知识,那么比起现在教会他们的知识内容,教会他们自学的方法,培养他们的自学能力无疑更重要。"这正是MOOC的价值所在。

认识MOOC的价值,体现MOOC的价值,就要发挥基础教育的优势,使MOOC与课堂教学有机融合。课改以来,基础教育课堂的特点是教师的精讲、学生的精炼,是教师贴近学生,面对面的指导,是学生的合作学习,互相帮助。可以这样说,课改以来基础教育的课堂教学,与MOOC特别是翻转课堂的理念是一致和相通的。除此而外,"融合"不仅要体现在课堂的结构、内容、节奏等方面,还要体现在MOOC视频和作业中。近年来通过网络技术开展的在线教育有很多类型,电视教学、云教室、云课堂、微课堂等等,但是在教学的距离感、作业设计单一性等方面还不够令人满意,关键问题就是与课堂教学的融合度不够理想。而正是这种成功的融合,才使得MOOC和翻转课堂能够异军突起、迅猛发展、独树一帜。

关于翻转课堂的讨论

从MOOC的角度去分析课堂教学结构,学生在家中提前学习,完成进阶训练,在课堂上开展进一步探究和讨论,这可以称之为"翻转课堂"。如果采用课前和课堂的视频学习相结合,再采用对话的模式进行交流和讨论,则可以称为"混合式翻转课堂"。市西中学思维广场的教学,就属于"混合式翻转课堂",这种教学形态、教学内容、教师角色的变化,所带来的对教师教学理念的冲击和转变,远非是几次讲座、几次培训所能比拟的。

翻转课堂的实施,需要有一定的保证或者说条件。

第一,就是要具备适应学生网络自学的教学资源。包括与内容有关的微视频以及配套的训练系统。与内容有关的微视频可以是学科的基本内容、难点辨析、实验介绍、应用举例等,但又不能是教材文本的照搬照抄。微视频的制作,应该是翻转课堂实施中,教师对教学内容的创造。

配套的训练系统,也可以称为进阶训练系统,是由不同级别的训练内容组合的。之所以称它为进阶训练模式,就因为它采用了与游戏的进阶类似的模式。低阶完成(通关)进入中级,中级完成(通关)进入高级。保证了学生训练中的循序渐进。当然,这样的训练题,需要教师精心挑选,既要符合教学要求、吻合教学内容,还要兼顾学校和学生的特点。教学资源是MOOC和翻转课堂推进的基本保证。

第二,需要有统计的平台。包括学生进入MOOC开始的统计。内容学习的时间、不同级别的训练花费的时间、网络讨论的时间等。除此而外,学生个体训练正确与失误的统计、学生群体得失分统计、讨论发言频次的统计等。如果缺失统计的平台,学生的网络学习可以说是失控的。

第三,相关的推送系统。包含了所有统计指标的推送(学习时间、进阶时间、正确率等)、学生主观题需要批阅时的推送、包含批阅痕迹的批阅结果推送等。其中既有推送给教师的(如前两项),也有推送给学生的(如后一项)。推送的实现,才能使教师对翻转课堂的教学更有针对性和指导性。

第四,有效的教学方法与策略。翻转课堂中,教学内容的学习前置了,基本训练也前置了。那么课堂教学还应设计些什么内容,怎样体现课堂教学的价值,就应该成为教师教学中应该仔细考量的问题。

事实上,在翻转课堂出现并进入基础教育的课堂后,我们始终能听到一些声音:"教师把教学任务转移给了学生"、"反转是在变相增加学生的课外负担"、"教师淡化了课堂教学"等等。这些声音,从积极的角度去分析,可以说是对翻转课堂实施的警示。

学生在学习中的自学、自主学习、提前预习,是一种良好的学习习惯和学习行为,不论是否采用MOOC或翻转课堂,都应该大力倡导。在学生自学的基础上,翻转课堂的课堂教学过程中,更应该注重对这样一些问题的关注。包括:第一,根据统计和推送结果,发现学生学习中的困难问题,有针对性地对这些问题进行有效分析,帮助学生认识和理解这些问题。第二,扩大学生的视野,更多地了解学科内容在社会、生活中的应用,使理论学习与学科应用结合起来。第三,引入部分有一定深度、值的讨论的问题,发展学生的思维。第四,可以引入一些研究型课题或探究性问题,发展学生学以致用的研究能力。

案例

翻转课堂背景下的《动能》课堂教学设计

在动能内容学习时,教师在网站上提供了系列微视频和训练题。如能量和动能学习的意义、动能概念形成的物理学史故事、定义动能的物理量中应该注意的问题、选择题为主的动能问题的分析训练。

在课堂教学中,教师除了对训练题的情况进行简单的总结分析,又为同学播放了一段微视频(风力发电机工作及其原理分析),并提出了这样几个问题。

1. 估算一下匀速骑自行车时,骑车者的功率。

2. 澳大利亚某喷泉的喷水高度已知，任意时刻空中水的总量已知，试确定该喷泉底部泵水的水泵的功率。

3. 1945年7月16日早上5点半左右，原子弹引爆成功时，费米在距离爆炸中心10英里处。爆炸40秒后，爆炸的气浪到达费米所在地，他将事先准备好的纸片从离地六英尺高的地方洒落，纸片被气浪卷走，他根据纸片飞行的距离（2.3米），估算了核爆炸的"当量数"约为一万吨TNT炸药。能否对这一估算的原理进行简单分析和说明。

微视频的播放，使学生们对流体能量的处理有了新的认识。教师提出的问题，则使学生们进入了更为热烈的学习讨论阶段。特别对于第三个问题，从刚开始的无从入手，到讨论后风吹帆船的举例、球形容器模型、流体风能的计算，学生们驳斥、互辩、补充、论证，使关于动能内容的学习，达到了新的层次。

对于这节课，参与听课的老师们予以了高度的评价。翻转课堂，不仅仅是让学生自学、练习的过程前移，课堂上也包含了学生继续学习的内容。特别是学生思维的深度碰撞、真实生活情景问题的讨论、学生自主活动的丰富，使课堂真正绽放出了翻转的活力。

如果说上面这个案例主要反映的是对于教学内容的扩展。那么下面这个案例则是反映了课堂翻转时教师对于学生困惑问题的针对性指导。

这是利用微信平台对学生"静电场力学综合问题"教学的一次研究课。

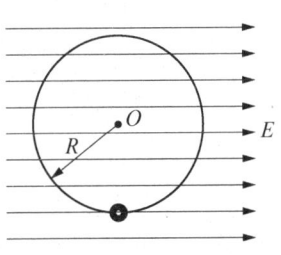

微信发送的内容包括学习要求（静电场力学综合问题的分析处理方法），三类练习题，两道基本选择题，两道简单综合题，两道有一定难度的综合题。后一类综合题的最后一题是这样的。"场强为E的水平匀强电场中，有一个圆心O、半径为R的光滑绝缘的圆环。圆环的最低点套有一个质量为m、电量为q的小球，如图。静止释放小球，试确定小球速度最大的位置。"

经过对学生学习反馈的微信内容的整理，教师基本确认了：

第一，对静电场力学综合问题分析时，学生明确了在物体受力分析时除了要考虑力学的"基本类型力"以外，还要考虑物体受到的电场力；

第二，学生对静电场力学综合问题的解决思路与力学问题的解决思路形成了共识。

第三，学生对静电场力学综合问题的处理方法仍然可以采用平衡的方法、运动定律的方法、能量的方法与冲量的方法。

第四，学生学习困难最主要的表现是对最后一道练习题的解决困难。这个困难的集中点，正如学生在微信中表述的，是"计算太繁"、"使用数学太难"、"三角函数变换麻烦"。

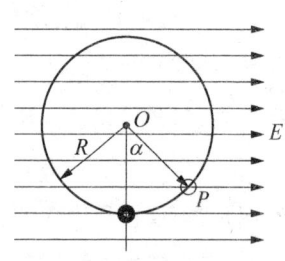

据此，教师在课堂教学中对这一练习题的求解作了重点分析。

设小球从最低点释放后到达 P 点的速度最大，OP 点与竖直线成 α 角，根据动能定理可以得出：

$$\frac{1}{2}mv_p^2 = qER\sin\alpha - mgR(1-\cos\alpha)$$

如果按照这个思路，方程可以转为如下形式，其中 K_1、K_2 均为常数。

$$K_1 v_p^2 + K_2 = qE\sin\alpha + mg\cos\alpha$$

这样对 v_p^2 的极值求解，就必须采用三角变换，将 $A\sin\alpha+B\cos\alpha$ 转换成 $k\sin(\alpha+\beta)$ 的形式，利用正弦函数性质求最值，就可以得到答案。教师一边叙述、一边进行板书。"但这样的过程确实是比较麻烦的。"

"如果我们换一种思路来考虑这个问题会有什么结果呢？"，教师提出了新的建议。

"换一种思路？"，学生们有的茫然不解，有的似乎则开始了思考。

"为什么物体运动时速度会发生变化？"

"如果物体受不为零且逐渐减小的合外力作用，物体速度如何变化？"

"如果物体运动的初始动力大于阻力，然后沿运动方向的动力逐渐减小，什么时候物体的速度会达到最大？"

"物体在圆周上做变速运动，每一个点都具有速度方向，如果速度继续增大，此时的动力与阻力是什么关系？如果速度不再增加，那么在运动方向上动力与阻力要满足什么条件？"

教师继续进行着启发,同时开始组织学生的讨论。"支架"的作用显示了效果,结论也在学生的讨论中得出了。如图。

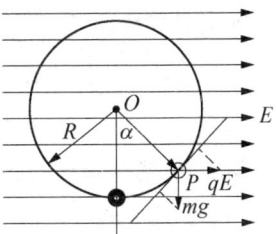

假设小球在 P 点达到速度最大,那么在 P 点的切线方向(运动方向)上,电场力与重力的分量一定相等。设 OP 与竖直线成 α 角,可以得到

$$mg\sin\alpha = qE\cos\alpha$$

小球速度最大的位置立刻就能确定了。

"除了这个方法,还可以采用'等效场'的方法来处理这个问题,大家是否能在网上查一下"。教师又提出了另一个提议。

很快,利用重力场与匀强电场的合成法,将大环所在区域看成一个"等效场"区域,类比重力场中小球在最低点具有最大速度的情况,P 点的位置马上也就确定了——"等效场"方向上大环的"最低点"。

这节课的学习学生总结交流也很热烈。有的学生介绍了他们在课前的学习情况,有的介绍了他们对运动和力的进一步理解,有的介绍了他们这节课上学习方法的收获,也有的介绍了他们对等效和类比的感悟……

尽管这是一节教学的研究课,但整个教学的过程还是较好地体现了翻转课堂的本质。体现了课堂翻转后教师教学的视点,以及对设计组织学生活动的关注。

翻转课堂的模式中,学生学习内容的前置,使课堂翻转后的学生活动可以更多地增加,为学生自主学习建构的过程提供了更好的基础。但是在教学中仍然要注意学习目标的开放性,分层教学与整体教学目标的统一性,营造良好的学习环境,活跃课堂的氛围。还要注意构建和谐的师生关系,教学方式的多样化。设计组织好合作学习的方式、任务型学习的方式、信息化技术手段的运用等,帮助学生学习建构目标的实现。

在学生自主学习建构的过程中,教师的指导帮助是一个值得关注的问题。尽管翻转模式中学生的学习前置为教师帮助指导的针对性提供了依据。但是对于哪些问题要进行帮助?以怎样的形式进行帮助?采用什么方法进行帮助?如何提高教师指导帮助的有效性,都是值得仔细考量的。上面这个案例在这方面也为我们提供了可以进一步总结借鉴的经验。

实际上,学生在微信资料学习后的反馈信息,一定是五花八门不尽相同的。教师要对这些反馈的信息进行整理和归纳,了解学生学习的基本状况,针对具有普遍性的问题,抛下需要指导的"锚",即最后的练习题解题"过于繁琐"、"数学应用复杂"的问题进行帮助指导设计。教师指导的视点则是"采用换一种思维来分析",让学生在不同运动中,体验物体速度最大时运动方向上的合力为零的思想,再次熟悉和复习"运动和力"的物理基本关系。在指导的形式上,则分别采用了教师讲述分析(主要针对第一种解法)、学生合作讨论与网上资料学习的不同形式。而对于学生学习讨论的组织,又设计了"支架"教学的处理,通过为学生层层搭建"脚手架",使学生的讨论具有明确的方向和内容。

作为一种新的教学形态,我们希望翻转课堂的模式,能给学生的学习建构带来新的生机,从更为广域的角度,促进学生"终身学习"能力的发展。

移动学习方式的推进

移动学习方式,是近年来随着信息技术的发展,逐渐形成并正在进行规模推进的一种学习方式。移动学习的方式不仅影响着学生的学习建构过程,影响着教师的专业化发展,也影响着学校的课堂教学。

事实上,从互联网、计算机、智能手机、平板电脑进入社会生活后,通过网上随时随地学习、获取各种资料、随时进行办公活动,就已经成为了现代社会成员的一种基本生活模式。移动学习正是在这各种活动模式中产生的。从百度给出的定义看,移动学习(Mobile Learning)是一种在移动设备帮助下的能够在任何时间、任何地点发生的学习,移动学习所使用的移动计算设备必须能够有效地呈现学习内容,并且提供教师与学习者之间的双向交流。

利用这种移动学习的方式开展教育教学活动、特别是教学辅导活动,不仅为诸多的教育辅导机构所采用,也已经是许多学校正在强力推进的教育教学改革项目。如建设了学校的教学资源库和教研组学科学习的平台;为学生配发了主要用于学习的平板电脑;在校内开放了手机上网学习模式;班级和学生纷纷建立了班级网站、班级微信群或 QQ 群;学生家长也建立了类似的联系群等。这些都为学校的教育教学工作,学生的自主学习建构发展,开辟或增加了新的途径和新的方法。我们来看一下这样两个案例。

案例一　小 M 同学的受伤

小 M 同学是学校某项目竞技队的队长,主力攻击手。但在一次训练中,因为冲击过猛不慎受伤,发生了小腿骨折,必须打入钢钉住院治疗,并保证后期有一定的康复时间。因为对学生在体育活动中的意外伤害有着明确的政策规定和处理措施(上海市教委颁发),所以小 M 同学住院后家长最关心的问题就是小 M 同学接下来的学习安排,因为小 M 同学原来的学习基础和学习成绩都是非常优秀的。

为此学校领导、年级组长、小 M 同学所在班级的班主任、班长、同学等,和家长进行了商谈,作出了三点承若。第一,小 M 同学需要的课堂学习情况,将由微信或录像的视频为其提供,书面作业(主要指教师板书或投影的作业)也将由微信照片或其他同学的记录提供。第二,小 M 同学的作业完成情况,可以由小 M 同学网上提交或由其他探视的同学转交教师,作业批阅的结果也按照这一方式反馈。第三,小 M 同学需要辅导时可以通过微信与教师或同学联系,教师和同学将尽可能地来医院对小 M 同学进行面对面辅导或进行网上辅导。

因为小 M 同学接受治疗的医院和他本人家庭的位置离学校不算太远,小 M 同学的班长还承若,每周至少组织三批次同学课余来探视小 M 同学。对于小 M 同学关心的运动项目的比赛情况或班级开展的各项教育活动,则由其他运动队队友和小 M 班级同学通过网络直播或视频提供。

经过学校同意后,小 M 同学需要的课堂学习情况由小 M 的同学们进行了课堂视频录像,甚至进行了教学时的微信直播。作业与辅导方式也按照着原定的方案实施执行着。小 M 同学在医院治疗和后期在家中康复的时间接近两个月,对小 M 同学的学习支持也坚持了两个月。期末考试时,小 M 同学取得了班级前三名的好成绩。如果说在小 M 同学的学习中,微信直播、网络直播、视频录像、网上作业、在线答疑等移动学习方式的使用不是最为关键的因素,至少移动学习在对小 M 同学学习的支持中起到了重要的作用。

案例二　宿舍中的感动

那是2011年我带领学生在阿联酋参加国际机器人大赛时发生的故事。

当宣布我们获得了国际机器人创意赛第一名的时候，我和学生们都激动了，我们拥抱着、欢呼着、跳跃着，这是我们中国的高中生在国际机器人大赛中第一次取得的殊荣啊。两天后返程前夕的晚上，我敲门来到了学生的房间，原本是想看一下学生回程的准备情况，检查一下是否有什么遗漏或意外。但是进门以后却发现回程的准备学生们根本没有做。除了比赛器件在赛后已经装箱外，衣物散乱着、洗漱物品没人理会，桌上是食物包装袋和方便面的纸筒……学生们却是趴在床上看电脑或者坐在椅子上对着手机。我当时以为学生是在玩游戏，就很生气地对他们说，我们明天就要离开了，你们总要懂得区分轻重缓急吧。现在还沉浸在游戏的疯狂中，不管是手游也好或是其他群游的游戏也好，你们自己觉得像话吗？

趴在床上的学生急忙站了起来：老师您别发火，我们不是在玩游戏。还有两周就要期考了，我们正抓紧时间看一会资料，补一点作业呢。拿着手机的同学也来到我面前让我看着他手机的界面，老师您看，这是数学课老师的板书，我正在看这几个公式的推导呢。

我当时就怔住了。听着学生的解释又是激动又是自责。这几位学生为了这次的大赛，几个月来边学习边准备。设计、安装、修改、调试，可以说辛苦到了极点。在首次熟悉场地的时候，因为有了一点点的时间空隙（所有的赛队轮流试车），几位学生趴在堆放器具的桌上竟然都睡着了，他们真的太疲劳了。而赛后稍事休整，他们马上回到了自己的学业中，抓紧这点滴的时间，勤奋地学习着，这能不让人为之动容吗？

其实在这段时间，作为物理教师，我已经注意利用各种活动的间隙，为他们进行物理内容的讲解，尽量弥补他们在物理学习中的缺失。但是对于其他学科的内容该怎么办呢？学生们用自己移动学习的方式回答并解决了这些问题。

这件事也给了我很大的启发，学习在任何时间任何地点都可以借助网络、采用不同形式开展，都可以采用移动的方式进行，这应该是现代教育发展大力提倡的内容之一。

移动学习除了需要有一定的设备（电脑、智能手机等）、服务方式（网络服务器、云服务等）外，资源库的建设是制约移动学习开展的一个重要因素。现在的网络，已经具备一定的学习资源(如百度),可以对一般问题有些甚至是较为专业的问题进行学习和研究。但具体到中学生,具体到学科内容的系统化和学习渐进的需求,以及不同学校对学生教育教学的不同培养目标,通识的、普遍的教育资源未必能达到学生个性化学习构建的需求。

所以,从教学的角度看,面对移动学习方式的推进,学科教师应该关注以下最为典型的四类任务。

第一类,提供能够支持学生移动学习的学习资源

它可以是学习任务、学习资料(如微视频),可以是习题、思考题或讨论题,也可以是研究课题。这些资源要通过相应的平台发送,也需要相应的平台能够对学生学习的结果、反馈进行回传与统计,实现师生间的双向互动。当然学科教师也应当积极参与学校资源网站或学科教研组网站的资源建设工作,形成具有学科特色或教师教学特色的学习资源。

第二类,以自己的教学方式鼓励学生开展移动学习

例如,某校数学教师,每周一都会在班级微信群里,发布一道数学学科研究性学习的问题,并利用微信群或校园网站进行结果回传与统计,每周四下午,则进行点评或答疑。这就是鼓励学生开展移动学习较为成功的案例。

对课堂上出现的疑难问题,应该在组织学生讨论的同时,建议学生进行移动学习,通过文献资料的学习或转述,解决这些问题。对于涉及到学科学史的问题,我也建议开展学生的网络学习,因为即使教科书上有所介绍,限于篇幅也不可能较为全面或仔细。但是,网上学科史内容的学习往往会涉及到学生知识不达或内容较深的情况,最好教师能提前进行下载编辑,再放入自己或教研组或学校的资源库中,也可以成为推送给学生或放入班级微信群的专用材料。

第三类,提供学生学习困难时的及时指导。

学生的学习困难发现,可以从学生自己的学习要求中发现,也可以从学生的作业(包括网上作业)中发现。这对于一线的学科教师来说并不困难。但是当学生学习困难发现后,就需要教师能够通过不同方法,如网上指导、预约面谈、个别辅导、调整学习进度或内容等,及时启发帮助学生解决疑惑、克服困难、完成学习中的建构。

第四类,家校沟通的紧密联系

学生在学习生活中的情绪起伏、状态变化是经常发生的情况。引起这些变化的原因是什么？身体原因、生活上的原因、家庭中出现特殊情况，或是别的其他什么原因，这些都是需要教师及时了解开展教育工作。不论是利用微信或是QQ，即使是学科教师，也都可以与家长建立"移动联系"的方式，以便于教师就学生情绪起伏、状态变化的情况与家长沟通，这也是"人人都是德育工作者"的具体体现吧。

在倡导移动学习方式的同时，有几个问题是值得注意的。

第1，移动学习方式的推进与学生年段的关系

对于低年段的学生而言，由于身心发育不够完全、自控能力比较薄弱，学习过程中容易受到干扰等特点，对于他们的移动学习的组织和要求应该有所特殊。现实生活中部分青少年学生网络游戏或其他内容上瘾着迷的案例已经屡见不鲜，这对我们应该是一种警醒。所以放任低年段学生自由上网，或开放手机让低年段随时上网，是要谨慎的。我主张对于低年段学生移动学习的启发，主要应该放在意识的培养上，可以设计一些简单的通过网络可以回答的问题，组织学生在学校的机房内开展网络学习，这样既可以提供学生通过网络学习的成功感和移动学习的体验，又可以对学生网络学习活动更好地管理。而对于高年段学生，特别是程度较好的学生，应该提倡移动学习方式的使用，可以为学生配备相应的学习设备，引导他们在自己的学习建构中，主动学习、多途径学习、扩大自己的视野，提高自己建构的质量。

第二，不能用网络学习或移动学习方式替代教师辅导的功能

现在的学校教学形式，是以班级授课制为主的教学形式。这样的教学形式下，教师的辅导是"教学五环节"（教学五环节是指：备课、教学、辅导、作业、反馈这五个环节）中一个基本的环节，对它也有着形式和质量的要求。教师在辅导环节中，不仅是对学生提出显性问题的辅导，还要对学生的生成性问题进行答疑解惑。它既是教学工作不可缺少的组成部分，更是师生间感情沟通、良好人际关系、和谐的师生关系建设的过程。所以不论是移动学习的方式或是网络学习的方式，在这个方面是无法与师生之间面对面的辅导相媲美的。所以对于学生提出的问题，教师千万不能轻易的用"自己上网去查询"、"网上有答案自己去找吧"一类的说法进行答复，让网络学习或移动学习替代教师辅导的功能。

对于学生问题答复，教师应该坚持面对面的指导方式为主。针对学生问题进行通

熟易懂的说明,解决学生的困惑。在指导的过程中,师生可以开展共同的网络知识学习、比较教材中或教学中教师的观点,同时有选择的提出一些有助于学生问题理解、值得学生进一步思考的问题,让学生通过网络学习或移动学习对这些问题的释疑进一步的深入,体现出教师的行为模式对学生移动学习的影响,体现出教师对于学生学习建构中帮助指导的作用。

第三,要用教师自己的行为模式潜移默化地影响学生

现在的教师都经过了高等教育,对于学科内容或教材内容的教学,是没有什么问题的。但是对于学科发展的前沿内容,对于社会科技的应用内容,教师未必很清楚。比如诺贝尔奖的内容和意义、火箭发射的固体燃料与液体燃料的优劣性比较、臭氧层破坏后能否修复及其办法等等。教师对这些问题的学习现在很大程度上也是通过网络学习的。因此,教师要敢于承认自己的知识不足,要敢于说明自己网上学习的内容和方法,甚至与学生一起进行网络学习,用自己的行为模式带动学生、影响学生。

移动学习的方式,尽管有人称它为"未来教育"模式,但现阶段只能是现行教学形式的补充与丰富。面对"移动学习方式"的推进,作为教师应该全面理解移动学习的内涵与目的——学生学习建构的方式与支持。以自身对教育教学目标的理解,精湛的教学水平,和谐良好的师生关系,具有创意的教学活动的设计,多种教学方法的使用融合,在教学中形成合力,用自己教学中的智慧与创造,实现自己的教育理想。

国际理解教育

国际理解教育(*Education for International Understanding*)是指世界各国在国际社会组织的倡导下,以"国际理解"为教育理念而开展的教育活动。其目的是增进不同文化背景的、不同种族的、不同宗教信仰的和不同区域、国家、地区的人们之间相互了解和相互宽容;加强他们之间相互合作,以便共同认识和处理全球社会存在的重大共同问题;促使每个人都能够通过对世界的进一步认识来了解自己和了解他人。将事实上的相互依赖变为有意识的团结互助。

从我国的基础教育角度看,国际理解教育则是为了培养青少年学生在对本民族主体文化认同的基础上,尊重和了解其他国家、民族、地区文化的基本精神及风俗习惯;

学习并掌握与其他国家、民族、地区人民平等交往、和睦相处的修养与技能；交流全人类共同的价值观念，增进不同宗教信仰和文化背景的民族、国家、地区的人民之间的相互理解与宽容；促进人类及地球上各种生物与自然和睦相处、促进人与环境的和谐统一、共同繁荣与发展的一种教育。

事实上，国际理解教育的提出，并不是近年来的口号，但却是当代世界教育发展的新课题。

早在1952年，世界教科文组织就提出了《世界公民的教育》的口号，旨在推进培养青少年学生的世界意识和国际意识。1974年在第18届联合国教科文组织大会上，又通过了《关于旨在国际理解、国际协作、国际教育与人权及基本自由的教育建议》，重新提出了全球公民的概念。"冷战"结束以后，国际交往的性质发生了深刻变化，世界呈现了多极化发展的格局。进入90年代以后，以网络通讯为标志的信息技术迅猛发展，为人类全面进入"全球化时代"奠定了基础。然而，暴力、种族歧视、仇外情绪、寻衅的民族主义、文化排斥、恐怖主义等现象并未终结，反而具有了新的性质。在这种背景下，联合国教科文组织于1994年10月召开了"第44届国际教育大会"，确立了新时期国际理解教育及相应的"和平文化"的基本内涵。大会通过了《第44届国际教育大会宣言》及相应的《为和平、人权和民主的教育综合行动纲领》。标志着"多元主义教育价值观"理论与政策上的确立，确立了新时期国际理解教育及相应的"和平文化"的基本内涵。《宣言》及《为行动纲领》，直指必须设置培养具有多元文化、意识形态、信仰之间相互尊重和相互精神吸纳、为了和平、人权与民主的教育。并于1995年东京会议上首次提出"共生"（Living together）的概念。

可以这样理解，国际理解教育的基本着眼点就是共存与共生。即：在全球化背景下，增进不同地区、不同民族、不同文化背景、不同宗教信仰的人们之间的相互理解与宽容，通过积极的合作，对关乎人类生存和社会发展的全球性重大问题方面达成共识，强调的是形成人们共存和共生的意识。而国际理解教育的核心，则是对多元文化、多元价值的理解，接纳各种差异性与独特性的存在，养成对不同文化、不同情感理解尊重和宽容的态度。

国际理解教育在我国基础教育的发展中具有重要的意义。

随着全球化浪潮的席卷，我国国际交往的日益密切，"一带一路"战略的提出、

WTO 的入世、奥运、世博的举办等，贯彻"三个面向"的教育方针，为"世界的中国"培养能在世界范围内交往、竞争、创新的中国人，已经是摆在基础教育面前刻不容缓的任务了。《国家中长期教育改革和发展规划纲要（2010－2020年）》指出"加强国际理解教育，推动跨文化交流，增进学生对不同国家、不同文化的认识和理解，培养具有国际视野和国际竞争力的下一代，是我们共同的期望"。在《中国学生的核心素养》中，也明确把"国际理解"纳入了学生核心素养的一个基础指标。成为基础教育学生培养过程中的一个重要内容。

如何在基础教育中开展各具特色的国际理解教育？则是我们更为关心的问题。

教育行政部门、各级各类学校围绕国际理解教育制订一系列国际理解教育政策。在教育政策中提出了一些具体的行动路线，如《教育规划纲要》中指出"鼓励各级各类学校开展多种形式的国际交流与合作，这是开展国际理解教育所要具备的前提条件"。

开设相应的国际理解教育课程，使课程成为培养学生国际理解观念和意识载体，则是开展国际理解教育各种途径中的首选。

按照北京教育学院人文学院社科系尚久宾教授的说法：国际理解教育是需要建立"教育——文化观念——行为"的步序。国际理解教育的目标，则应该通过"课程（载体）——活动体验——观念——思想方法和行为观念"的流程来实现。"形成学生国际理解的观念或思想，未必能解决所有国际理解教育中的问题，但如同德育工作中思想品德课程的开设，不开则是万万不能的"。

从现有的一些资料看，国际理解教育的课程开设甚至教材出版，都呈现出了令人欣喜的局面。

例如：《感知世界》（*World Sense*）（1－10册上、下）系列教材，就是由安生国际教育科学研究院组织中外专家、学者经过广泛调研之后，引进美国圣智学习集团独家研发的英语语言学习图书，经曹亚民、张海燕、窦峰、陈冰等专家和一线英语教师的改编，由东南大学出版社正式出版发行的教材（*ISBN*：9787564147747）。

再比如：《国际理解教育系列读本：走向世界（高中1年级适用）》，就是由深圳市宝安区教育科学研究培训中心编写，清华大学出版社2012年12月出版的教材（*ISBN* 9787302303923）。

而在校本教材的编写方面，诸如成都市棕北中学国际理解教育的校本双语教材、犀浦实验学校的国际理解教育校本教材、广州市广外附设外语学校国际理解课校本教材(双语版)、东北师范大学附属小学国际理解教育校本课程(英语版)等等,更是数不胜数。

从"多元主义教育价值观"的本质"是教育领域实现国际性与民族性的内在统一"的角度,来分析国际理解教育的课程内容,要有为了和平、人权和民主的教育内容,并使之成为整个国际理解教育体系的灵魂。要有理解和尊重国家与国家之间文化差异的内容,并将全球相互依存的理念同地方行动联系起来。具体来说这些内容可以体现为:了解经济的全球化,了解国际机构和社会组织的运作模式,了解海洋资源的开发和利用,认识不同民族多元的宗教文化,树立国际参与的意识,学会平等交往与和睦相处的方法,探讨人类共同的基本价值观等。还可以安排对诸如古希腊雅典城邦、英国大宪章、日本明治维新的国家事件的介绍,以及甘地、曼德拉与德克勒克等重要人物的介绍,对印第安人、犹太人等古老民族衍生发展的介绍等。而在这些主题中,每一个都可以提供不同的视角,使这些视角下的民族与文化背景清晰明了。

课程开发时,还应该提倡在教材编写方面开展有成效的国际合作,可以对国外教材的借鉴,可以聘请国外专家的参与,也可以对国外教材进行改编。同时还要注意提升对外语学科学习的认识,通过外语学习更好地理解和体会其他民族文化的特点,理解国家之间、民族之间的文化差异。另外课程开发时还要注意学生探究、活动体验、阅读与思考、思维拓展等方面的设计,培养学生探索问题的方法,养成关注人类命运、关心地球可持续发展的"全球公民"的素质和态度。

国际理解教育的教学,可以开设一些国际理解教育的专设课程,使用专门编写的教材,制定专门的教学计划,分阶段、分主题,与其他教学课程一样,形成学校课程体系的一个内容。可以在学生开展国外游学前或是接待国外教育访问团前,进行有目的的专题教育。也可以在学科教学课程中,渗透国际理解教育。

但是不论哪一种形式,国际理解教育中必须首先凸显中华民族文化的魅力、了解中国传统文化对世界文化的贡献、了解中国近年来国际地位的提高、了解中国与世界其他国家的交流合作的更为广泛等等。让学生具有强烈的民族自尊心与自豪感。只有在这个基础上才能展开对于尊重其他民族文化、尊重不同宗教与教育权,与其他国家人们平等交往等内容教学。开展一些国际热点问题的讨论,甚至是敏感问题的讨论。

但是,就价值观问题而言,教学中最好只涉及国际上具有共同认可的价值取向。如和平、环境、教育等等。因为,不同的国家由于国家体制、制度、意识形态、奉行的国策的差别,其自身的价值趋向,与我们国家的价值取向有是完全不同的。这也导致了这些国家成员的行为,与我国国民行为的完全不同。他们的社会成员可能首先考虑的是个人利益,而我们的国民行为则要求国家利益、集体利益、个人利益的统一。例如,美越战争中美国士兵携带了具有多国文字的的"投降书",被包围或战况不利时会主动受俘。而在中越反击战中,我们的战士则披上了"光荣弹",为了祖国的利益视死如归。再比如,对于拆迁,有些国家可以在高楼林立的建设环境中,保留那一小幢与城市布局、区域建设环境完全不配的"孤岛小屋"。而我们的城市动迁,则是国家利益、集体利益、个人利益统一基础上的整体规划。这样的案例可以说随手拈来、屡见不鲜。

但是作为教师,不论我们是站在教育的讲台前,或是学生活动室的组织者,我们必须忠实地执行党的教育方针,必须弘扬中国特色的社会主义的主流价值观,必须给每个学生以正面教育。这既是教师的责任,还可以说是教育工作者的底线。

一般情况下,在人文类的学科教学中会比较多的涉及。例如历史课中重大历史事件的评价,重要人物的历史贡献点评等。英语学科中不同地区、不同文化及其表述中的差异,不同国家生活习惯的差异等,语文学科中文学作品鉴赏中的国内外不同评价,文学比较时中外评论家的不同视点等等。只要我们的人文学科老师,具有国际理解教育的意识,能够从国际理解的角度组织教学,一定会使学生对于国际理解获得更多的启发与收获。

理科教学中,国际理解教育的教学渗透的内容也是不少的。就以物理教学为例。一些伟大的物理学家最终走向了神学的求索、物理教材 KPK 全新体系的出现、国外对中国学生实验能力的评价、开展与国外学校之间的学生交流等等,都可以成为对学生开展国际理解教育的内容。

记得在学习完伽利略的生平后,对于伽利略违心的与教皇签定了不再宣传"日心说"的保证书一事,就有学生对此很不理解。有的说伽利略应该像布鲁诺那样至死不渝,献身科学。也有的说伽利略"保证书"的签订,多多少少影响了真理的传播。这就牵涉到了对人权的尊重的问题。也许在"保证书"签订的短时间里,暂时影响了真理的传播。但对于伽利略本人后期的研究却提供了机会。这也正是中国文化"留得青山在"的写照。

再以牛顿最终走向了神学求索的科学史为例。国内的学史介绍在此往往避谈,或者总有"唯心论"之类的评价。当我就这个问题与国外教师交流时,他们的观点与我们的想法完全不同。澳大利亚的一位物理教师就对我说,牛顿的后期,发现了许多没有办法解释的问题,似乎有一只看不见的"手",在操控着我们的世界和自然。正是为了找出这只"手",牛顿才开始了神学的求索。所以牛顿的神学求索完全可以理解为科学上的积极探索。我想,这就是文化与宗教差异的影响吧。如果从这个角度看,对这段学史就没有必要以反面案例的形式进行指责,而这种理解和包容完全可以在教学中渗透给学生。

只要我们能把握住国际理解教育中对民族文化的自信、对多元文化的相互理解、相互尊重、相互包容的"世界公民品质",多角度进行思考分析,就可以在学科教学中渗透与落实国际理解教育的内容,使学科教学绽放出更为特色的勃勃生机。

在国际理解教育中,也还有另外一种声音:国际理解教育主要应该在"国际班"的学生中开展,因为"国际班"学生的出口主要是国外的高校,他们可以称之为国际学生,将来的学习工作都是在国际的环境中。国内学生的国际理解教育没有必要强化和凸显。对此我坚决地持否定态度。

随着中国经济与国际的接轨、社会的开放程度越来越高,多元价值的冲击也一定会越来越强。即使是在国内,这种变化也为越来越多的社会成员有所认识,需要的国际理解内容也体现在了方方面面。

如果严格地来说,"国际课程班"或"国际学校"的学生,在日常的学习过程中,已经对国际教师的人格品德、言语行为、问题处理的态度、方式方法有了深刻的印象。潜移默化中也形成了他们国际理解的观点和思考,国际理解教育的过程即使没有专设的课程学习,也始终在进行开展着。反倒是国内学校的学生,因为从小到大都是中国教师执教,所受到的文化影响更局限于民族文化,所以国际理解的视野、观点、思考等更需要进一步拓宽与更新。所以国内学校的学生更需要进行国际理解的教育。这也是教师培训工作中,对于有条件的情况下,组织教师参加国外培训的一个因素吧。现在的学校(特别是高中学校),"海归"教师的数量在增加,在国外接受过培训的教师数量也在增加,这就使国际理解教育的实施者,有了更多的国际理解自身的感受,也使国际理解教育有了更加良好的基础。

我们有理由相信,在《国家中长期教育改革和发展规划纲要(2010—2020年)》的指引下,在《中国学生核心素养》的标识下,在全球国际化发展的大背景下,基础教育的国际理解教育的推进,一定能开辟新的局面。

7 让思维跃迁的教学

实现自我建构、掌握知识、培养能力，是教学中的主要任务。而在能力中，除动手实验能力、合作学习能力、文献资料的筛选使用能力等以外，思维能力的提升，也应是教学中的一个重要任务。我国古代学者早就指出："学以思为贵"，"学而不思则罔，思而不学则殆"。夸美纽斯和苏霍姆林斯基也指出："智慧比宝石和珍珠还珍贵，教师必须重视'开发心智'"。"在学生的脑力活动中，摆在第一位的并不是背书，不是记住别人的思想，而是让学生本人进行思考"。这充分说明了教学中对于思维发展的关注。

而在思维能力中，对于高阶思维的关注，近年来已经成为了教育研究的热点问题之一。高阶思维能力被称为是创新能力、问题解决能力、决策力和批判思维能力的核心，成为了国内外基础教育研究普遍的共识。

高阶思维能力简述

谈到高阶思维，就要从 Bloom《教育目标分类认知表》说起。

1956 年，Bloom《教育目标分类认知表》面世。这张表里，Bloom对认知的水平进行了划分，把认知的水平分为了六个层次。这就是：认识、理解、应用、分析、综合和评价。也就是说，对于认知的内容，总是有不同的要求和水平的。

2001年，在Bloom《教育目标分类认知表》面世近50年后，修订过的新版Bloom《教育目标分类认知表》诞生了。在这张新的教育目标认知分类表中，认知的水平和层次被重新进行了划分。认知的六个层次修订为记忆、了解、应用、分析、评价、创造。其中最大的差异在于2001版中，取消了综合、上提了评价、而增加了创造。认知层次的分类变化，说明了教育认知中，对于创造环节的重视，对人的创新能力培养的重视。

高阶思维，指的就是对应2001年版Bloom《教育目标分类认知表》中的"分析"、"评价"、"创造"这三个认知层次的思维水平。或者说，高阶思维是较高认知水平层次上的心智活动或认知能力所对应的思维。说得更具体一点，那就"是一种能对思维予以评价的思维，是生成性思维和批判性思维互补运用的思维，是自富于创造性的跨学科知识的思维。"（香港大学陈浩生教授语）

曾经有同行在和我谈起学生高阶思维能力的培养问题时，觉得他们学校的学生不如重点中学的学生优秀，或者他们的学生只是初中学生，培养学生的高阶思维，似乎无从入手。我不太同意这种观点。高阶思维是对应教育认知水平的。而认知又是各个不同学段都需要执行的教育任务，所以高阶思维的培养应该是各个不同学段教学都需要、也可以实施的培养任务。举例来说，对于初中直流电路的欧姆定律内容，教学认知要求当然包含了记忆、了解、应用、分析、评价、创造不同的层次，如果加强了欧姆定律学习和应用中的分析、评价、创造环节的教学指导，就是注重了高阶思维的培养。再比如，初中数学的直角三角函数教学。如果只是记忆和知晓了所谓的正弦、余弦的定义及其应用，而不是对这个函数的使用进行分析、评价乃至创造，这就弱化了高阶思维的培养。所以高阶思维的培养，一定可以在所有的学段实施，每一个学段也一定都有自己学段所对应的、可以开展高阶思维培养的内容和操作。

高阶思维与高级思维是容易被混淆的两个概念。高阶思维，英语的翻译为Higher-order thinking；高阶思维能力，则翻译为Higher-order thinking skills；学生的高阶思维能力，则译为Higher order thinking skills。它是对应于布鲁姆认知目标分类表中"分析、评价、创造"的认知水平的。

高级思维,它的英语翻译是 High-level thinking,或者 Advanced thinking,这是一个具有相对性的概念,是一种思维相对另一种思维比较而言。例如抽象思维相对于形象思维,可以称之为高级思维,逆向思维相对于直线思维,可以称之为高级思维,立体思维相对于平面思维也可以称之为高级思维。同时,高级思维不仅具有相对性,而且会随着思维者的年龄、阅历、思维水平的提高而变化。如思维者的中学思维水平相对于他本人小学时的思维水平,可以称为高级思维,思维者的大学思维水平相对于他本人中学时的思维水平,可以称为高级思维。

高阶思维则不同,它是对应着认知水平和层次、根据教学目标分类而确定的。认知是各个不同学段、在不同知识学习中都需要完成的任务。举例来说,对于初中直流电路的欧姆定律内容,教学认知要求当然包含了记忆、了解、应用、分析、评价、创造不同的层次,如果加强了欧姆定律学习和应用中的分析、评价、创造环节的教学指导,这就是注重了初中阶段高阶思维的培养。再比如,初中数学的直角三角函数教学。如果只是记忆和知晓了所谓的正弦、余弦的定义及其应用,而不是对这个函数的使用进行分析、评价乃至创造,这就弱化了高阶思维的培养。所以高阶思维的培养,一定可以在所有的学段实施,每一个学段也一定都有自己学段所对应的、可以开展高阶思维培养的内容和操作。

关于高阶思维能力的培养,华东师范大学的钟启泉教授指出:发展高阶思维,要以高阶学习活动予以支持——要以学习者为中心;要开展问题求解的学习活动;要形成知识共享、互动合作的学习模式。同时还应该注重交叉学科知识的学习,注重环境营造,注重教师有意义地引导。

香港学者陈浩文博士在谈到如何提升高阶思维时也指出:要提升高阶思维,就要培养学生的论证、反驳、筛选和利用信息的能力;要培养学生的公民意识、判断、决定能力;要理解学科的思维方式。

思维能力从来就被视为创新能力的重要因素。不论是对已有知识或已有作品的审视反思,还是新知识的融合、构建、新项目的设计完善、问题解决的实践,都离不开思维水平的支撑,特别是对应"创造"等级的高阶思维能力的支撑。

那么高阶思维能力培养工作中的具体核心环节又在哪里呢?根据我们基地(上海市双名工程名师培养基地)近五年来的研究和实践,我们认为,高阶思维培养中,评价是最为核心的指标。因为,在认知内容的学习和应用中,分析,是为了对原有思维的领会和比较。评价,则是发现原有思维的不足或缺陷。不能对原有的思维进行评价,在评价中发现不了原有思维的不足和缺陷,就不会形成批判性的思维。而当评判性思维的发现得以修正、弥补甚至重构时,就实现了从原有思维基础上的思维升华,达到认知的"创造"。所以在认知层面培养高阶思维的过程中,分析是基础,评价是核心,创造是目的。从这个意义上讲,评价是思维承前启后的环节,更是创造的必要铺垫过程。

高阶思维培养的专设课程

思维的培养,可以有着多种途径和方法。为了促进学生高阶思维能力的发展,开设一些专设课程,既是学校课程建设的创新,也是学生思维水平特别是高阶思维水平提升的有益尝试。从学校现有的课程体系看,专设课程应该是以学校的校本课程(如拓展型、研究型、学生社团课程)为主的开发建设。可以是原有校本课程的补充完善、新鲜课程的开发设计。也可以是基础性课程校本化的变革或调整,实践类课程的丰满与重新构建。不论怎样处理,专设课程仍应该属于学校课程体系的组成部分,专设课程的开发建构都应该纳入到学校课程建设的总体范畴内。

专设课程开发建设的主体是学校,可以争取社会力量的支持帮助,但仍然要依靠学校教研组、学科组和教师群体集体智慧,依靠学校教师的主动精神和探索态度。正是这样的理解与实践,课题研究开展以来,才使得学校形成了这样一批具有开拓精神的课程开发团队,形成了学校一批具有特色的专设课程。我们不妨来看看这样一些有关思维的专设课程吧。

一、思维学习课程

思维学习课程分两个部分:常识部分和应用部分。

常识部分包括逻辑思维和非逻辑思维两个部分。逻辑思维分初阶的普通逻辑和高阶的辩证逻辑两块。非逻辑思维主要分直觉思维和形象思维。应用部分包括创新技法和案例两个部分。讲课内容有40讲。讲课形式包括大课(3-6个班一起上)、小课(一个班)、长课(讲一学期)、短课(有点类似现在的微型课程)。除了直接面对学生讲课,还有广播课程等,比较灵活。

属于初阶思维的普通逻辑,主要讲概念的种类、关系和逻辑特性;判断的种类和逻辑特性;演绎推理和归纳推理;论证等内容。

属于高阶思维的辩证逻辑,也就是辩证思维方法(含辩证逻辑的内容以及体现了辩证方法的一些非逻辑思维方法的内容),主要讲事物是过程的集合体(联系的、发展的)、事物运动是自身否定(自己的他物,即矛盾的)、真理是具体的、思维具体同一的规律等基本观点;还有哲学家和他们提出的命题如《黑格尔和他的辩证法》这样的讲题等。辩证方法主要通过学习和了解哲学史上一些哲学家的思想观点来感悟和把握。这一板块在教学内容和教学方法上难度比较大,通俗化讲解的任务也比较重。

应用部分即技法和案例。技法中包括比较、发散、立体思维、联想、模拟、逆向思维、外推、系统、信息交合、信息、演绎、移植等技法。案例和故事则是给中学生介绍思维方法时可操作的方式,往往可以收到较好的效果。

案例一

关于木头的用途

习惯了学科体系的学习和教科书的学习顺序,思维课程的学习对每一个学生都充满了新鲜感,他们正是抱着这种好奇的心情开始了课程的学习。

……老师从桌下拿出了一块木头,"同学们,谁能告诉我木头有多少种用途?"面对这样的开场白,教室里一片寂静。"能说一说木头有多少种使用吗?"仍然是没有回应。"也许是这个问题太简单了吧",教师自我解释说着。"老师,您这个问题是不是不该问我们啊,我们这些可都是市重点中学的学生啊,随便哪一个人站起来,木头的用法都可以顺口说上几十种啊",高一(2)班的物理课代表小王同学实在忍不住了,站立起来高声地说着。

"是啊,说一说木头几十种用途你没有问题,几百种用途说得出来吗?"

"几百种用途?"小王犹豫了一下,"说得出来"。

"好,那么几千种用途、几万种用途、几十万种用途说得出来吗?"

全场鸦雀无声,大家都在考虑着。"老师,您能说得出木头的几千种、几万种、几十万种用途吗?"小王开始反问了。

"是的,我说得出来"。老师请小王坐下来,平静地面对全体同学。

"只要我有足够的时间,我就能够说得出"。

"同学们,我们可以把木头的形状作为一维坐标列出。如正方形、长方形、圆形、三角形等等。再将木头的使用场所作为另一维坐标列出。如工业、农业、军事、生活等等。每一维坐标的内容都是可以再细分下去的。如圆形可以分为实心圆、空心圆、长的圆形、短的图形、球形圆、椭圆等等。而在使用场所中的内容也可以再细分下去,如生活类,可以分为家庭、学校、图书馆、电影院、商店等等。家庭又可再分为卧室、客厅、书房、厨房、院子、阳台等等,可以说这样的分解是无数的。而两维坐标的任一个交点,就是木块的用途。同学们,这就是思维科学中发散思维的一种方法——信息交合法啊"。

安静、无声,教室里一片寂静,随即全场立刻爆发出热烈的掌声。这是从没有接触过的领域,也是从来没有涉及到的内容,既是那样地充满了新鲜和神秘,又好像就是我们身边可以信手拈来的熟悉。

从这里开始,同学们进入了思维科学的学习板块,开始细细地品味起直线思维、迂回思维、收敛思维、组合思维、逆向思维、头脑风暴,这些似乎熟悉,又感觉陌生的思维科学内容……

案例二

气压表如何测量楼房高度

这也是思维课程中给学生介绍的"剧情"。

很多同学都被问过这样一个物理问题:"如何利用气压计测量一栋大楼的高度?"几乎每个用功同学的回答都是:"用气压计测量地面与楼顶的大气压力,然后用这个大气压力差即可计算出大楼的高度。"答案非常漂亮,也是参考书里现成的标准答案。

物理学界流传着这样一则故事:某年,有一个学生对上述问题的回答居然是:"带着气压计到大楼顶,在气压计上绑一条长绳,然后缓缓垂下,等气压计触及地面时再拉上来,绳子的长度即大楼的高度。"老师给了他零分,但这位学生却不服气,说答案完全正确,应该给满分。最后师生同意请一位大师来仲裁。大师提醒这位学生这是物理考试,答案一定要包含某些物理知识,然后给他六分钟时间作答。过了五分钟,答卷上还是一片空白。大师问他是否要放弃,那位学生却说:"答案有很多个,我只是在想哪一个答案最好。"然后奋笔疾书,在最后一分钟总算交了卷。他这次的答案是:"带着气压计到大楼顶,弯腰松手让气压计落下,同时用秒表测量气压计掉到地面所用的时间,大楼高度等于二分之一乘以重力加速度乘以时间的平方。"答案完全正确,而且也用到了物理公式,老师只好给了他接近满分的高分。

仲裁圆满结束后,大师好奇地问这位学生还有什么答案。结果,那位学生又一口气说出了五个答案:一、晴天时,先测量气压计长度以及它阴影的长度,再测量大楼阴影的长度,然后利用比例就可算出大楼的高度。二、带着气压计爬上楼梯,沿着墙壁以气压计的高度为单位做记号,一直标记到顶楼,看有多少个标记,再乘以气压计的高度,就是大楼高度。三、把气压计悬吊在弹簧的末端,测量地面的重力值和大楼顶的重力值,从两个值的差异也可算出大楼高度。四、在气压计上绑着长绳,垂到接近地面,像钟摆般摇晃,从摆差时间也可算出大楼高度。五、去敲大楼管理员的门,对他说只要他告诉自己大楼的高度,就把气压计送给他。

大师听了,问:"难道你不知道利用地面与楼顶大气压力差来计算大楼高度这种正规的方法吗?"学生回答说:"当然知道!但我喜欢动脑筋思考,自己想出更多的方法来。"

这个故事在物理学界广为流传。那位担任仲裁的大师是1908年诺贝尔物理奖得主鲁斯福特,而这位学生的名字叫做波尔,他后来成为举世公认的物理奇才,1922年诺贝尔物理奖得主,原子模型的缔造者和量子论的创建者。

思维课程对于学生来讲往往比较陌生。学习什么是学生提出最多的问题。这两个案例中,前者是思维方法的学习,后者则是思维习惯的学习借鉴。没有很深奥的理论叙述。也没有教条式的说教内容,只是以案例和故事的形式,让学生体验和感悟。特别是后一个案例,波尔为我们展示了他超人的发散性思维和强烈的批判性思维——为什么气压计只能用于气压的测量?这应该对学生有着深刻的启示。

二、心理学课程

开设心理学课程发展学生的思维能力,可能是有点匪夷所思吧。

事实上,在解决问题的过程中,人们能否改变事物固有的功能以适应新的问题情景的需要,常常成为解决问题的关键(功能变通)。原有的一些习惯有时会节省时间,提高效率,有时却会阻碍思维的发展。要创新,就要调整心理压力、要克服思维定势。

所谓思维定势是指人们习惯使用以往常用的思维方式来看待和解决问题。人类存在着认知结构的限制:认知结构是个人面对问题时,对问题的认识、看法和印象。认知结构代表个人以往生活中对人、对事、对知识所累积的经验。如果问题情境远超过个人的认知结构,就会感到困难。心理学课程正是从这个角度出发,给人以新的启迪。

案例

如图,给出了一根蜡烛、一盒火柴、一盒图钉,一段绳子,如何让蜡烛竖直在墙面上?

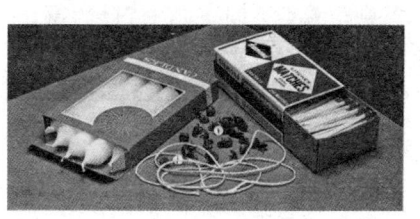

这个问题似乎太简单了。

将图钉固定在墙上,用细绳将蜡烛悬起,挂在图钉上即可。

利用蜡油粘合的方法。用火柴点燃蜡烛,待有蜡油融化时,用蜡油将蜡烛粘在墙上。

"大家的方法都不错"。待同学们发表不同观点后,老师微笑着说。"但是我还有更简单的办法"。在学生们期待的目光中,老师将蜡烛直接站立在地面并且紧靠在墙面上(虚接触)。"这就是我的办法"。

寂静,教室里一片寂静。

"看见绳钉就想到了悬挂,看见火柴蜡烛,就想到了点燃,为什么一定要这样?"

"蜡烛竖直在墙面方式的问题,看起来有点像"脑筋急转弯",这里就是要让大家体会能否改变我们的思维定势,打破我们长期形成的固有思维模式,改变事物固有的功能以适应新问题情景的需要"。

教师的话语引发着学生深深地思索。

基础教育的心理学课程,主要功能是学生的心理调适,帮助学生减轻心理负担和心理压力。只有在开放的无束缚环境下,学生的思维才可能自由驰骋,充满想象和创造。这也正是学生高阶思维培养过程中，我们所需要追求的境界。

三、思维广场课程

这是一个全新的学习空间：可以自由阅读、自主网上浏览、自主选择学习环境、自由组合学习伴侣、自主发布主题开展讨论，也可以是教师任务单下的小组交流。基础型课程的内容在这里形成了一个个讨论研究的主题；个性化学习在这里成为了学生的选择；差异性理解在这里变成了学习的资源。学习空间的开放、学习资源的开放、学习内容的开放、学习方式的开放，形成了教育教学新的模式，为学生思维的开放、思维的碰撞、思维灵感的绽现，提供了良好的氛围。这就是思维广场课程。学生在这里，经历的则是关于不同主题的讨论、辩论、主题发言或问题交流，发生的则是思维的深度碰撞。

案例

这是思维广场中高一(8)班的一节语文公开课，听课的除了语文教师，还有物理、英语、化学、政治等其他学科的十几位教师。执教老师在这之前的课程中，已经介绍了中国文学史中"新诗"的产生、发展、意义等内容，并布置了新诗鉴赏。这节课教师原本的设想，是让学生们进一步加深对新诗的理解，开展创作学习。

简单的教学组织语言后，开始了学生的讨论。

"新诗没有格式、没有平仄、没有韵律，读起来缺乏语言的起伏，根本不能称之为诗"。小A同学石破天惊，第一个发言，竟然持着强烈的批判态度。

"这个观点不对，新诗为文学的发展提供了机遇，没有平仄和没有韵律，给诗人的创作提供了更为活泼、更为自由的空间"。

"没有格式，是打破了八股文的束缚，给文学创作更为天马行空的平台"。

"从文学发展史看，只有冲破约束，破而后立，才能推陈出新。"

小A的批判引起了全场同学的质疑。

"没有平仄韵律，何来朗朗上口。既然是诗，就应该有一定的文体，就应该有一定的语言美感，否则又怎么能称之为诗？什么都不讲究，只能是自由体。"小A同学并不买账，看来是做了充分的准备。

这样的观点,不仅引发了学生的争论,也使听课教师开始交头接耳。执教老师多少开始有点"狼狈"了。她只能再一次重复了新诗的起源,以及新诗在文坛上发展意义的叙述。

小 A 同学似乎并不接受老师的观点,他提出了一个要求。"下面,我为大家读一首作品,请大家判断一下作品的属性好吗?"

"春风已绿江南岸

塞北花开已有期

料峭的寒冬即将过去

明媚的春天正在踮着脚走来

春姑娘羞羞答答的

如青春的少女

如宋词里的女子

掩面含羞一步三回首的把娇容掩在轻纱后

慢慢地、轻轻地、缓缓地、悄悄地向我们走来——"

"老师,请您判断这能是新诗吗?"

"小 B、小 C 同学,你们也来判断,这是新诗吗?"

"我们后面的听课老师,也请你们判断,这是新诗吗?"

毫无疑问,所有小 A 同学点到的老师和同学,都给予了肯定的回答。

"那么,我告诉大家,这不是新诗,它是我在散文网上下载的散文《春天》,只不过我采取了断句朗读而已。"

全场寂然。

"大家都看到了,散文的断句就可以成为新诗,说明新诗根本就不是独立的文体。从网上资源看,所谓新诗也是归类于散文网之中的,说明网络编辑对这个问题也有着清晰的判断。"

随着下课铃声响起,讨论室仍然安静着。

一节公开课使执教老师和听课教师下不了场,也使同学们集体"失音"。

"小 A 同学的观点很富有挑战性,我希望大家能够这样地学习,不迷信权威,不满足已有的结论,用证据说话,自我假设、自我解释、自我评价、自圆其说。当然,我也会再拿出更多的证据,继续来和小A同学讨论,也希望同学们共同参与。"执教老师最后的点评,可能多少也有些无奈吧。

这是一节典型的思维深度碰撞的案例,也是高阶思维培养的典型案例。小A同学有备而来的讨论中,在自己证据分析的基础上,做出了大胆的评价并提出了自己的观点。这里我们暂且不论小A同学观点本身的正确与否,让学生在学习中不断地获得并接收信息、实时地运用批判性思维和生成性思维进行分析与评价,从而进行应对或反驳,这本身就是教学的最大收获。

这种类型的教学,在常规课堂教学中是很难实现的。常规教学即使安排了讨论环节,由于时间的限制,常常不能够对某一点进行相对集中、指向明确、参与范围广泛的深度讨论,甚至学生来不及思考也没有机会表达,更谈不上形成学生思维的深度碰撞,从而使讨论流于形式。思维广场则为学生的"分析"、"评价"、"创造"提供了比较充分的时间和空间,学生之间的思维碰撞不仅能引发不同的观点,更能使思维深度发展。

四、辩论专题课

辩论专题课,是这几年文科一些学科教学中专门组织的特设课程。辩论中,辩手要及时捕获对方辩友的发言信息,及时对对方辩友的观点、素材、证据等进行快速评价,发现对手的漏洞和破绽,予以指正或批判,阐述或证明自己的观点,完成自己的立论。这个过程,对应了高阶思维发展的环节,构建了高阶思维能力发展的一种良好形式。

案例

这是《适度消费》中的一个学生辩题,"中学生是否应该有人情消费"。这场讨论,要求学生同时准备正反两个辩题。比赛时抽签决定辩题。同时既要准备正方,又要准备完全相反的反方,这对于学生思维的批判性和创造性就形成了极大的挑战。

正方:我们的辩题是:中学生应不应该有人情消费。我方认为,中学生应该有人情消费!

所谓人情消费,指的是人与人之间正常交往中的感情投资。它可以有效地促进人与人之间的情感交往。无论从历史传统、社会环境还是中学生健康成长的角度来看,中学生都应该有人情消费!

首先,辩证唯物主义告诉我们:一切要从实际出发。在传统意义上,中国属于熟人社会,礼尚往来的人情消费是中国人古老的传统,也是一种沟通人际关系的重要方式。人是社会的人,在这样的社会大环境下,中学生或早或晚都会接触到人情消费,这是避免不了的客观现实。与其到时束手无策,不知所措、甚至走上歪路,不如适度合理地规划人情消费,而适当的人情消费也正是一种融入社会舞台的锻炼。所以,从历史传统和社会环境的实际出发,中学生应该有人情消费。

其次,适度合理的人情消费可以使中学生有效地联络感情、增进友谊,这是另一个不争的客观现实。人际关系需要去经营,遇到同学生日或者逢年过节发个贺卡、打个电话或发条短信,道个祝福,消费不多却联络了感情、表达了关爱。和谐的人际关系、互相关爱的校园班级氛围不仅可以使我们心情愉悦,也有助于我们提高学习效率。同时,对于人情消费的合理规划也锻炼了中学生的理财能力。所以,从人情消费带来的实际效果来,中学生应该有人情消费。

千里送鸿毛,礼轻情意重。适度合理的人情消费不仅有其存在的社会土壤,它本身也有助于中学生的健康成长。综上所述,中学生应该有人情消费!

反方:我们的辩题是:中学生应不应该有人情消费。我方认为,中学生不应该有人情消费!

人情消费简单地说是日常生活中人与人之间人情往来的费用支出,但如今很多人为了人情费支出强颜欢笑。对此,我方想请各位从实际出发,考虑一下中学生是否应该有人情消费。

第一,中学生的"三观"尚未完全形成是一个不争的客观现实,对于这样一个敏感、特殊的群体,过早地接触人情消费,将会有极大的风险导致中学生的价值取向错位。君子之交淡如水,真正的人情绝不应该建立在金钱之上,倘若纯洁的中学生应该人情消费,那么神圣的校园氛围将会多了一股铜臭味,中学生尚未成型的"三观"将会遭到极大的污染。同时,人情消费在某种程度上属于消费异化。个人的消费本应根据自身的需要、经济条件等因素进行,但是有时,我们不愿去消费,却因人情等种种原因违背了真实意愿,不得不去消费。人情消费对于中学生的成长有着极大的负面作用,绝不利于中学生健康成长。

第二,中学生没有固定的经济来源是另一个不争的客观现实,我们付出的金钱几乎都来源于我们父母的辛苦钱。中学生人情消费违反了适度消费原则。适度消费,对于个人和家庭来说,是指与收入水平及社会风尚相适应的消费。中学生在没有固定经济来源的客观现实下进行人情消费,无疑是加重了家庭的负担,对于生活在贫困线下的家庭而言更无疑是雪上加霜。

真正的人情不是靠金钱能够维系的。最后,愿用德国诗人罗高的话给大家敲响警钟:以酒交友,与酒一样,仅一晚而已!

……

同样的哲学原理作为立论的依据,策划出完全相反的辩题。自由辩时,又要求学生能随时转换思维,不仅从正反两个方面捍卫本方立论,并且还要及时寻找对方思路与逻辑上的漏洞。可以说这样的课程,不仅对参与学生的逻辑严密性、思维流畅性进行了良好的训练,也对学生思维的创造性提出了挑战。

五、创新实验室课程

高阶思维的培养,需要认知型课程的开发与设计,也同样需要其他类型课程的支持。创新实验室课程,就是学校近年来大力开发和建设的课程。几年来,学校为了加强学生动手实践能力的培养,建设了一批在上海市"颇有名气"的创新实验室。包括"能源实验室"、"自动控制实验室"、"数学实验室"、"静态模型制作室"、"头脑奥林匹克活动室"、"汽车能源实验室"、"机器人实验室"、"化工技术实验室"、"音乐制作实验室"、"数字艺术实验室"、"生物技术实验室"、"物联网实验室"、"F1赛车工作室"、"文史专用教室"、"大气环境监测实验室"等二十余个实验室,与此同时,也开发了一系列与之对应的"实验室核心课程"。

在创新实验室课程中,我们提倡学生自己的设计创作,使学生思维的"梦想成真"。同时也在实验室教学中,强化学生的"分析、评价、创造"。通过学生的批判、合作、讨论、完善,提升学生活动进程中的思维发展,渗透和培养学生的高阶思维。伴随着创新实验室课程的建构,创新实验室教学的同时,也诞生了一批受学生欢迎、能够激发学生"分析、评价、创造",具有一定特色的教学方法。如"半野生教学法"、"师徒带教法"、"滚动研究法"等,使课程实施中学生的"争论、辨析、批判、否定、再造"成为了一种良性的学习常态。

创新实验室课程在培养学生动手实践能力的同时,搭建了学生高级思维发展更为有效的平台。下面是学校部分创新实验室课程计划,也许透过这些课程的设计,能使对创新实验室课程的特点窥见一斑。

案例

乐高机器人课程计划
《乐高机器人初级课程》课程计划

第一模块(二课时):乐高机器人零件的初识

  教学方法:教师讲述、学生体验

  教学内容:乐高零件按大小、形状、颜色的分类体验

      结构搭建零件的体验、乐高马达的体验

      乐高传感器的体验

第二模块(二课时):学生制作(一)乐高机器人基础搭建体验

  教学方法:教师讲述、学生搭建体验

  教学内容:请学生按照自己的的想法搭建一部3轮可行驶小车

第三模块(四课时):学生制作(二)乐高机器人规范搭建体验

  教学方法:教师讲述、学生搭建体验

  教学内容:请学生按照乐高搭建手册所提供的方法改进搭建的小车,并比较自己

      所搭建的小车和搭建手册所提供的搭建方法有什么区别

第四模块(四课时):学生制作(三)搭建能停在终点前的小车

  教学方法:教师讲述、学生体验

  教学内容:将搭建的三轮小车用NXT控制器直接编程的方式编写程序

      在不用传感器的前提下实现能停在黑线上的规定动作

      15分钟小组竞技交流,比赛成绩记入平时成绩

第五模块(八课时):学生制作(四)学生制作能上阶梯的机器人小车

  上阶梯机器人爬阶梯规则解读;

  上阶梯机器人的实现策略分析;

  上阶梯机器人的低落差阶梯上行搭建调试体验;

上阶梯机器人的高落差阶梯上行搭建调试体验；

机器人上阶梯部分小组竞技交流，比赛成绩记入平时成绩；

上阶梯机器人难度提高：加负载，加入半包围乒乓球，要求跟车上行；

带负荷机器人上阶梯部分小组竞技交流，比赛成绩记入平时成绩；

上阶梯机器人难度提升：能自动识别最高一级的台阶并能停留在最高级台阶上；

上阶梯机器人能停留在阶梯顶部3秒钟，并从阶梯顶端返回出发点；

能完成全程动作的机器人小组竞技交流，比赛成绩记入平时成绩。

第六模块（四课时）：学生制作（五）机器人走黑线体验

机器人光传感器配合搭建体验

机器人能看到黑线停止并做出指定的动作

单光传感器机器人能沿着黑线行进指定距离并能看到十字黑线交叉处自动转向

案例

自动控制课程计划
《自动控制》课程计划

第一模块（二课时）：自动控制概述

　　教学方法：教师讲述、学生资料查询交流、遥控演示

　　教学内容：自动控制、自控的发展、程序机器人小车、遥控玩具

第二模块（八课时）：机械开关的应用

　　实物观察：单刀单掷、单刀双掷、双刀单掷、双刀双掷、碰撞开关

　　学生制作：楼梯灯控制、电动窗帘模型、卷帘门模型、数字灯模型、数量灯控制器

第三模块（六课时）：电磁开关的应用

　　教师讲解：结合实物讲解电磁开关原理、了解常闭、常开触点及其转换

　　学生制作：供电换向器、竞赛抢答器、光控报警器

第四模块（六课时）：晶体二、三极管、电容器功能

　　教师讲解：二极管单向导电性、三极管开关功能（类比电磁开关）

　　学生制作：整流器、双稳态电路（A、B两个灯泡轮流发光表示效果）

第五模块（六课时）：逻辑电路学习应用（结合教材学习该内容）

　　学生制作：温度控制器、光照控制器、车门打开报警器

第六模块(八课时)：计算机控制

　　教师讲解：单片机原理、计算机控制原理

　　学生制作：程序控制小车、竞赛抢答器、数字信号灯

第七模块(六课时)：传感器原理和应用

　　教师讲解：传感器原理,演示部分传感器(运动、声音、光、温度等)

　　学生制作：发光物体定位仪、自动加热器、定时开关、声控信号灯

第八模块(八课时)：基于物联网的遥控知识学习

　　教师讲解：基于物联网的遥控知识、多段多频信号发生器使用

　　实地参观：西门子公司实验展示室、比特实验展示室

　　学生实验：手机信号控制家电工作；网上信号控制家电工作。

　　创新实验室课程为学生高阶思维的发展,提供了与真实世界接轨的学习环境。

　　学习环境是一个支持和促进学习的场所。创新实验室课程设计中,我们充分注意到针对学习环境的设计而非教学环境的设计。因为,教学意味着更多的控制与支配,而学习则意味着更多的主动与自由,学习环境是学习者可以在其中进行自由探索和自主学习的场所,学生之间可以相互协作和支持的场所。要解放学生思维的束缚,发展高阶思维,就应该彻底变革学生学习受到严格的控制与支配的状态。处于真实情境中,学习的目的在于能够真正运用所学的知识去解决现实世界中的实际问题。学习者所处情境越真实,需要解决的问题越现实,学习者的学习积极性越高,主动性越强,自由性越大,学习过程也就越生动、有效,高阶思维能力的培养,也就越有可操作的载体。

六、微型讲座课程

　　这是聘请校内外专家、学者、家长、老师、校友甚至学生开设的讲座课程,讲座的主题不限、内容不限、时间长短不限,每周都有两次以上,学生们可以根据听讲对象的要求,进行预约,选择性参加,也可以在讲座过程中,与演讲者互动、质疑。例如微型讲座的第一讲,就是华师大教授对现行理化教材的分析,尽管学术问题可以讨论,但学者的批判性思维的方法,给学生留下了深刻的印象。

　　结合社会热点问题选择讲座内容,比如"南海问题"、"水面船只的打击能力"、"专利的申请"、"神州号的设计"、"莫言与屠呦呦"等等,可以极大地激发学生的兴趣,开阔

学生的视野,提升学生的思维品质。2012年9月19日,文汇报以《微型讲座:提供了个性化教育》为题,专门报到了这一课程。

七、学生社团课程

学生社团课程应该说是学校的传统课程,但是从高阶思维培养的角度看,他应该更加注重学生的"分析、评价、创造"。以下就是学生社团活动的一个案例。

如:头脑奥林匹克社团课程

头脑奥林匹克课程是对头脑奥林匹克的制作题、语言题、表演题、即兴题的解析和表演。试题由国际头脑奥林匹克总部(美国)发布,解析和表演的创意、舞台、服装等必须由参加者自己设计和制作,强调学生的想象、创造、幽默和工具利用(特别是即兴题)。这一课程集学生想象、设计、制作、表演为一体。面对即兴题,学生的思维高度集中、快速运转,要拿出方案,解决一个个障碍。面对长期题的命题内容,则要自己设计剧本、设计服装、设计背景、设计音乐。不仅要完成表演,更要完成相应的制作,机械加工、道具制作、灯光布置等等。所有的环节都需要头脑风暴、团队配合。特别是头脑风暴阶段,方案完全是开放的,没有权威,也没有定论,一切都是在学生的讨论、争执、相互批判中诞生。课程不仅对学生的想象能力、幽默能力、制作能力、应变能力、表演能力的发展有着积极的促进作用,也为学生的高阶思维培养搭建了平台。

八、学生游学课程

这是实现了开放性问题和真实性问题替代课本问题与封闭式问题的思维实践课程。从思维的过程可以知道:"思维一定是由'难题和疑问'、'困惑或怀疑'而引发的"(杜威)。问题的本质决定了思考的结果,思考的结果又控制着思维的过程,因此问题的性质会对高阶思维的发展产生直接影响。学校教学环境下的问题相对来说还是较为孤立的或封闭的。即使是预先准备的典型问题,很大程度上也与真实生活情境有一定的距离,达不到发展高阶思维的目的。

游学课程,则是让学生在真实的社会中,以自己的眼光和能力去发现问题,使用广泛的解决方法和策略去分析处理这些问题,允许学生以自己的知识结构理解和解释这些问题,直接把学生放在了推理、思考的最前沿,打开了学生问题解决时的分析、评价、创造之窗。

例如,秦腔是我们国家正在"申遗"的地方曲种。这个曲种为什么能"申遗"?它的起源是怎样的?它的现状(包括普及与传承)又是什么水平?国家和地方对这一曲种支持、保护的力度有多大?采取了哪些可行的措施?这就是学生西安游学的一个重要内容。

学生在游学中,采访秦腔艺人、观看秦腔演出、去当地的文化场馆调研、去有关档案机构查询,和当地文化管理部门负责人、剧团管理负责人等进行座谈,开展了一系列调研活动,再结合国家文化事业发展政策文件的学习,完成了游学考察报告。

再如,对厦门鼓浪屿游学的调研考察。鼓浪屿与厦门市一江之隔,它的交通衔接是如何设计并实施的呢?实地考察、与市民交流、与厦门市负责城市建设的副市长座谈,学生们获得了大量的一手资料。游学返回,在总结分析了鼓浪屿与厦门市交通衔接的状况后,针对崇明岛与上海市区的地理环境的特点(一江之隔),学生们提出了崇明岛公交与地铁的短途驳接问题,并就此开展了第二轮研究。这份研究报告送达至上海市建交委后,得到了高度的评价。市建交委专门为学生的报告写了回信,赞誉学生们的社会责任意识和想象能力。

类似这样的思维培养的专设课程,可能还有其他内容。作为教师,应该积极地参加到这些课程的开发和建设中,有目的的了解这些课程,从这些课程的开设中吸取更多的培养学生高阶思维的经验,使我们的教学更有方向性和针对性。

物理课堂教学中高阶思维能力培养中的关注点

一、关注高阶学习活动方式组织教学

高阶思维的培养,需要高阶学习活动方式组织教学,"分析、评价、创造"需要建构"概述、构造、检查、表述"的课堂环境,搭建学生相互合作"评论、判断"思维碰撞的平台,从而达到"产生、假设、规划、设计、创作、发明"的目标。经过多年课改的实践,高阶学习活动方式对于广大物理教师是非常熟悉的。"问题教学法"、"抛锚式教学"、"脚手

架教学"、"合作学习"、"讨论式学习"、"探究式教学"、"头脑风暴"、"学徒式学习"等等,许多都是老师们耳熟能详并已广泛用于课堂成为行之有效的教学方法,只要在这些教学方法使用过程中,不流于形式、能体现高阶思维培养的核心要素,注重"分析、评价、创造"的目标,高阶思维能力培养就能落实在物理课堂教学中。

案例

某教师电场教学后的体会

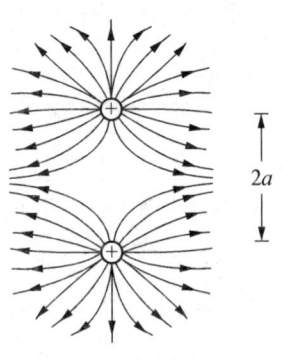

静电场复习时,我布置了一道练习题。如图,两个带+Q的电荷相距 $2a$,在它们分布的场中,有一带负电的粒子(不计重力)正在做匀速圆周运动,试问该粒子的轨道应在哪里?呵,这下可是热闹了。有的说是围绕两个点电荷之外的距离较远的圆周上;有的说是绕着某一单个点电荷的圆周上;有的说是绕着一个核转动且正对另一个核的位置上;也有的说是在垂直于点电荷连线中点的平面上;还有的则拿出了二价原子(核内有两个质子)核外电子的模型作为佐证……我没有简单地对哪一种说法直接否定,而是组织学生自己辩论、自己判断。辩论中我要求学生讲清自己的理由,找出他人的错误,以理服人。经过一番激烈的论争,学生们从核外电子轨道的佯谬到电子云的形状,从几率的意义到衍射条纹的实质,进行了条理分明的阐述,明确了这两者模型的不可比性,以及粒子绕双荷匀速圆周运动的不可能性。辩论中,同学们还对粒子重力不能忽略的情况做了进一步的发挥——可以在以点电荷连线为轴的上方平面旋转,并计算了这种情况下的回转半径以及与点电荷的距离。这节课给学生留下了深刻的印象,不仅这一部分的知识要求得到了落实,学生的思维发展也得到了较好的训练。尽管这样的教学,在课时使用上较为"奢侈",但从培养学生高阶思维的角度看,确实是值得的。

演讲、点评、辩论等教学活动,都是有别于传统课堂教学形式的。这些教学组织形式最大的特点,是提供了开放、宽松、自由的思维环境,让学生去自由思考、自由批判、自由表述,这对于学生高阶思维能力的培养,具有积极地意义。

二、关注物理教学中思维内容的渗透

高阶思维的培养中,是可以开设一些专设课程的,例如思维课程。在这个课程中,可以让学生学习思维方法,体会不同思维方式的差异,更好地理解思维科学的意义。但是物理教学毕竟不能等同于思维专设课程的教学,只能在教学中利用物理问题、有目的地、渗透思维发展的内容,提高学生的思维品质。

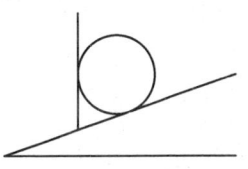

例如,在进行力的分解教学时,经常会看到这样的问题。如图,光滑斜面上小球受挡板约束而静止,要求对小球的重力进行分解。由于学生对静止在斜面上的物体的重力分解已经较为熟悉——重力可以分解为平行于斜面和垂直于斜面的分力。所以在如图问题重力分解时,就会有一些学生仍按照与斜面平行、垂直的方向进行分解,形成了错误。对于这种错误情况的分析,除了强调力的分解要按照效果的原则,还应该指出,错误的分解一个很重要的原因,就是惯性思维或者说是思维定势造成的。要区别"形"与"神"的差异,决不能随意套用已有的结论。这样就把思维的内容,渗透到了学科内容的教学中。

三、关注学生讨论发言的批判性思维成分

现在的课堂教学方法,绝大多数都具备"问题教学"特征。这一类型的教学方法中,学生的合作学习、讨论交流环节都比较充分。但是,如果学生在交流过程中,仅仅只是介绍自己的方法或方案给其他人分享,那还是不够的,这只是使课堂成为各种观点或方案的"展厅"。从高阶思维培养的角度看,我们更希望看到学生能够对他人的发言、他人的方案,倾听、分析,发现他人问题解决方法的不足和缺陷,进行及时的指出(评价),并能作出修改完善,甚至另辟蹊径重新设计(创造),重新予以评价,这样的思维过程既包含了生成性思维过程,又张扬了批判性思维的过程,符合了高阶思维能力培养的基本要素。

四、关注"一题多解"的指向性

"一题多解"是教学中经常采用的教学方法。它要求学生不为解题定势左右,通过

生成性思维的过程和方式,获得更多的解题方法。但是新的解题方法是技巧上的提高,还是解题思维上的变化;是在他人基础上的改进,还是自己全新设计,这是需要教师有所关注,进而才能正确点评和激励学生的。

案例

物体匀变速直线运动时的加速度

某个做匀变速直线运动的物体,在通过两个连续相等的位移 s 时,经历的时间分别为 t_1 和 t_2,试求该物体匀变速直线运动时的加速度。

该题的常规做法是设初速度、加速度和时间,按运动学基本公式代入,即可求出。另一种做法则是利用平均速度的概念,分别求出两段位移的时间中点的即时速度,然后根据加速度定义求出结果。

关注到了教学的思维培养,教师请学生介绍他们是如何思考的?

学生A:我也试着用基本方法求解,可是方程中几处都出现了二次函数,求解太烦了,我相信应该有更简单的办法,于是就想到了用平均速度来解。

学生B:我仔细地审题,发现题设条件隐含了平均速度的概念,我就选择了用平均速度的方法求解。

可以看出,B同学从接受信息开始,"分析"、"评价"的过程就开始同步,而A同学"分析"过程不够仔细、也未能及时评价,碰到钉子后才进入"评价"过程,所以效率较低。当然A同学在对原求解方法的评价中表现出来的较为明显的批判性思维,是应该值得肯定的。如果本题教学中教师的关注点仅仅是两种解题方法本身的比较,那就不可能对思维的发展做出较为有效地评析。

案例

悬挂的大环

光滑大环被轻绳悬起,从环的上端释放两个套在大环上的小球(如图)。环与球的质量不能忽略。小球滑至何处,轻绳张力为零。

按照正常解题逻辑分析:环必受小球给其沿径向的弹力,因此球只能在上半环时方可使大环受到斜向上的弹力(与球受向心力方向相反),也才有可能使悬绳张力为零。利用能量守恒、向心力、平衡、隔离法、力的分解等,可以求出结果。

但如果换个角度思考:有重量的物体被悬挂起,为什么悬绳张力可能为零呢?这只有在失重的状态下才能实现。利用系统分析、失重、分解等方法,也可以求出结果。

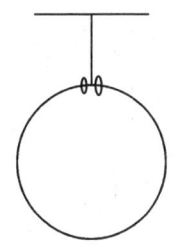

这两种求解,在方法上差异较大,但是思维的差异更为明显。前者在问题研究时选取了独立对象,后者则采用了系统分析;前者的解题思维按部就班可以称为直线思维,后者的思维则是由结果反问属于逆向思维。本题教学中如果在注重求解方法差异的同时,有意识地从思维角度去分析类似的问题,就可以形成高阶思维能力培养的切入点。

五、关注探究性实验方案的评价

研究性学习中开展实验方案设计,对于中学生物理核心素养的提升,有着积极的作用。探究性实验中对于学生猜想的验证,形成的是"事实评价"。而在"事实评价"形成之前,加强对实验方案(或设计)的"思维评价",则是凸显"分析、评价、创造"的过程,强化了学生的思维活动。所以,研究性学习中应注重组织学生,开展实验前对于实验方案的评价。

案例

滑动摩擦系数的测定

为了测量物体间的滑动摩擦系数,两位同学分别设计了两种不同的实验方案。

方案 A:

在水平桌面上,用测力计水平拉动一个已知质量的滑块,使滑块匀速运动,读出测力计的读数。再根据物体平衡时的受力关系,即可得出此时滑块所受滑动摩擦力的大小。更换相同材料、质量不同的滑块,重复操作,可以得到若干组滑动摩擦力的数据。将摩擦力数据和对应的滑块质量列表,就可以测得滑块与桌面的滑动摩擦系数。

方案 B:

在水平桌面上铺一张白纸,白纸上放一个已知质量的滑块,滑块一端被水平绳拉住,水平绳则与固定的测力计相连。沿水平绳向滑块另一端方向拉动白纸,即可读出此时的测力计读数——滑动摩擦力的大小。更换相同材料、质量不同的滑块,重复操作,可以得到若干组滑动摩擦力的数据。将摩擦力数据和对应的滑块质量列表,可以测得滑块与纸面的滑动摩擦系数。

教学中实验方案分析评价的讨论非常热烈,两个实验操作的稳定性、可持续性、可视性、测量结果的不一致性等等,一个个问题都被提了出来,而随着问题的发现,新的设想也诞生了。实验 B 中的测力计可以由力传感器替代,实验 A 中滑块的拉动改为过滑轮的砝码下落……学生的思维通道被打开了。两个实验最终都进行了操作,也验证了学生对方案的评价。但就整个教学过程而言,最为出彩的就是对实验方案的评价过程。

六、关注教师自身的行为模式

高阶思维的一个重要特征是能够"对思维进行思考和评价",这就需要培养学生不拘束缚、敢于思考、敢于批判、敢于评价、敢于挑战的勇气和态度。作为教师就应该更加关注自身的行为模式,不迷信权威、敢于挑战课本、敢于挑战已有结论,敢于对教材进行"批判性"评价,以自己学术上的思维方式,感染学生,在培养学生高阶思维能力的过程中,为学生做出表率。

物理教师要积极参与中学生高阶思维能力培养的校本课程建设。

校本课程是拓宽学生视野,发展学生兴趣、培养学生个性特长的重要载体,也是高中生高阶思维能力培养的重要举措。物理教师在指导学生科技活动、研究性课题、社团活动等方面,有着学科背景的优势,物理教师应该积极参与中学生高阶思维能力培养的校本课程建设,在课程的开发、建设中形成自己的特色,形成高中生高阶思维能力培养的独特舞台。

例如:校本辩论课程的开发。辩论课程就是彼此用一定的理由来说明自己对事物或问题的见解,揭露对方的矛盾,以便最后得到正确的认识或共同的意见。辩论呈现出的是辩手在接受信息后的分析、评价、创造能力,凸显的是批判性和创造性思维的能力。几年来我们已经看到,辩论课程已经不再是文科教师的"专利",已经在物理课堂、科技活动中大放异彩。

再如：创新实验室课程的开发。2010年以来，上海市许多高中，都建设了学校创新实验室，不仅给高中生带来了许多科技发展的新鲜内容，而且培养了学生动手实践能力、想象能力、设计能力、创造能力，发展了学生的高阶思维能力。

以下是某校创新实验室课程开发的案例：

《能源实验室课程计划》

第一模块（二课时）：能源的知识

  教学方法：教师讲述、学生资料查询交流

  教学内容：能源的概念、常规能源、新能源、一次能源、二次能源的使用、能源的危机

第二模块（一课时）：能源模型的参观

  教学方法：实地参观、教师讲解

  教学内容：火力发电、风能发电、太阳能发电、核能源、风力发电

第三模块（一课时）：发电机原理

  教学方法：教师授课、教具观看、学生体验

第四模块（四课时）：学生制作（一）水力发电机模型

  结构式积木搭建场景

  发电机模型、水力冲击系统

  各种灯泡发光演示效果

第五模块（四课时）：学生制作（二）云霄车机械能守恒模型的研究

  轨道的设计

  轨道平整度调适

  小球运动的能量守恒及测量

第六模块（四课时）：学生制作（三）太阳能发电的应用

  太阳能电池板电动势、内电阻的测定

  太阳能发电储存实验

  太阳能动力的应用（路灯、电扇、水泵等）

第七模块（四课时）：学生制作（四）风能发电机模型和应用

  风力发电机（水平、垂直）功率测定

风能动力小车安装

　　第八模块（四课时）：学生课题研究作品介绍

　　　　重力发电模拟装置

　　　　太阳能滴灌模拟装置

　　这一课程，从第四个模块开始，强化了学生的设计和动手实验，不仅与学生已有知识形成了关联，更涉及到了"分析、评价、创造"等高阶思维培养的要素，这样的课程开发和实践，无疑为高中生高阶思维的培养搭建了良好的平台。

　　高中生高阶思维能力的培养，是高中生人才培养的一个重要内容，也是高中物理教学中物理教师应该关注的问题。只要我们在物理教学中重视这个问题，有目的、有意识地加强高阶思维培养的教学设计和课堂引导，加强教学中对学生思维发展水平的研究和分析，就一定能在高中生高阶思维能力的培养中，获得更多的经验和成功。

案例：物理概念、规律教学中培养学生的高阶思维能力

一、关于高阶思维能力

　　高阶思维能力的培养，是近几年来国内外教育界人士越来越重视的问题。它起源于 Bloom 对教育目标分类的理解和认识，对应着 Bloom 教育目标分类"分析"、"评价"和"创造"（2001 版 Bloom 教育目标分类）的认知层次。

　　按照学术界现有的描述，高阶思维是处于较高认知水平层次上的心智活动或认知能力；是一种能对思维予以评价的思维；是生成性思维和批判性思维的互补运用；是能够自富于创造性的跨学科知识的思维。高阶思维能力是人的思维水平的重要衡量标准，也是现代社会创新能力、问题解决能力、决策能力和批判思维能力的核心，应该成为我们中学物理教学中予以重点关注和培养的内容。

　　物理学科是对客观物理现象、物理规律认识、了解、描述、进而加以应用的学科。中学物理的教与学，需要培养学生科学的自然观，让学生掌握物理学的基本知识和基本规律，发展学生的实践能力，还需要在过程与方法的引导中，着力对学生的思维、特别是高阶思维能力进行有意识的培养。

二、物理概念和规律的教学特点与高阶思维培养的核心要素

物理概念是物理现象和物理过程本质属性和共同特征在人脑中的反映，是人们通过抽象化的方式对所感知的事物共同本质的科学思维和概括。对应着物理量及物理学中的名词和术语。如：速度、力、电场、功等等。物理规律则是物理现象、物理过程，在一定条件下发生、发展和变化趋势的反映。揭示了在一定条件下，物理量之间内在的、必然的本质联系。例如：定律、定理、原理、定则、公式等。物理概念和物理规律，是支撑起整个物理世界大厦的基石，也是中学生物理学习中必须面对的学习任务。

从教学法的角度分析，物理概念和物理规律的教学要素主要包括：

第一，必须增加学生的经历和体验，让学生获得事实的依据。因为概念和规律总是孕育在大量的现象和事例中，丰富的感性认识才能成为科学思维的基础。

第二，要学习和运用科学思维的方法。概念和规律都是抽象思维的产物，只有通过思维活动凸显物理现象和物理过程的本质，摒弃非本质因素进行建构，才能获得事实基础上的抽象结论。因此要加强类比、推理、抽象、概括等方法的学习和运用。

第三，理解物理概念和物理规律的物理意义。物理意义是用通俗易懂的语言对物理量的描述，或物理上引入该物理量的意义。理解物理意义，就是要由具体到抽象，由抽象再到具体，由感性到理性，由理性再到感性，如此反复，使具体的现象和过程上升至思维的认知，使概念和规律落实到诠释物理现象和过程中。

第四，要理解物理概念的内涵与外延，理解物理规律的条件和范围。注意物理量与物理量、规律与规律之间的区别与差异。

除此而外，概念和规律教学中，还应该注意前后学习内容的衔接，注意吻合学生的认知水平，采用高阶学习活动方式组织学生学习等。

物理概念和规律的教学特点，决定了学生高阶思维能力的培养中，应该将高阶思维认知层次对应的"分析"、"评价"、"创造"三个指标中的"评价"，置于最为核心的指标。

因为就高阶思维的本质而言，"高阶思维是能够对思维进行评价的思维"，是"批判性思维和生成性思维的互补运用的思维"。如果不能对原有的思维进行评价，在评价

中发现原有思维的不足和缺陷,就不会形成批判性的思维。而当评判性思维的发现得以修正、弥补甚至重构时,就实现了从原有思维基础上的思维升华,达到认知的"创造"。因此,思维"评价"的过程,是一个承上启下的环节。"评价"的基础是"分析","评价"的呈现为"批判","评价"的结果是"创造"。

我们还可以从"分析、评价、创造"这三个认知层次指标所对应的动词,来理解"评价"指标的核心意义。指标"分析"对应的动词主要有"辨别、区分、选择"等,就认知的过程而言,这组动词体现出的是思维的发现和确认。指标"评价"对应的动词主要有"检查、评论、判断"等,它体现的思维特征则是鉴别和批判。指标"创造"对应的动词主要有"产生、假设、设计"等,这正是鉴别和批判基础上的思维飞跃。

所以从培养学生高阶思维能力的角度分析,"评价"的环节,应该是物理概念和规律教学中培养学生高阶思维能力的核心环节。

三、物理概念、物理规律教学中培养学生的高阶思维能力

物理概念和物理规律的教学中,注重高阶思维能力的培养,就应该有意识的组织学生在学习过程中,开展有针对性的评价活动,让学生在物理概念形成、物理规律掌握的同时,发展自己的高阶思维能力。

1. 概念和规律的形成过程中,加强对现象、事实、猜想的评价

生活经历、学习经历和实验经历等感性认识,是学生概念形成、规律掌握的基础。生活经历的再现和实验过程的构建,不仅能营造问题情境的氛围,激发学生的兴趣和探究欲望,也能为学生的思维抽象,进行预设和铺垫。但如果对于现象或过程仅仅停留在观察、描述、结果猜想的水平,还达不到培养学生高阶思维能力的要求。教师应该在学生体验感悟的过程中,加强学生对现象与规律观察、描述、猜想的评价,在评价中去伪存真、突出本质、抽象建构。

案例一

左手定则 F、B、I 关系的教学

如图的学生分组实验仪器。通过磁场方向和电流方向的变化,可以观察导体棒的不同运动方向。以不同颜色的轻杆表示 B、I、F 方向,得到了四个分组实验的四个

"方向球"。将这四个"方向球"放在一起,发现这四个"方向球"标识的方向可以完全重合。

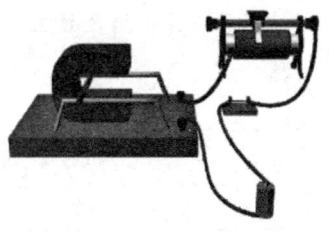

对这一现象的评价的环节,教学中应特别关注:四个"方向球"标识的方向完全重合,与外界条件有关吗?说明了什么?

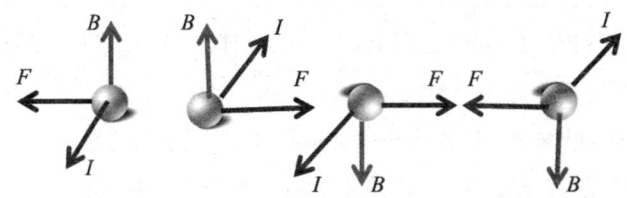

四个"方向球"标识的方向,不受实验条件(磁场方向、电流方向)差异的影响,也不涉及某一组别方向标识时的个性化操作(先标明 B 方向或 I 方向或 F 方向),甚至"方向球"与组别的对应也无需考虑——这就是批判性思维,对条件影响结论的批判。

四个"方向球"标识方向能够完全重合,那就说明通电直导线在磁场中受力时,一定存在着 F、B、I 方向的某种特定关系,而这种特定关系一定满足"方向球"标识的方向——这就是生成性思维。

关注到这一现象的学生评价活动,就可以用形象化的事实催化学生的抽象思维,由实验现象的本质抽象得到左手定则。

案例二

感生电流方向判断的教学

电磁感应现象中感生电流方向判断的教学,是由如图的学生实验来进行的。通过磁铁不同极性在闭合线圈中的插入拔出,观察电流计指针的偏转,完成实验的记录表格。

	磁感线的方向	磁铁运动方向	线圈磁通变化	感生电流方向
磁铁N极				
磁铁S极				

但是表格的分析完全找不出任何规律。此时对于"无规律"这个结论的评价,又是学生高阶思维能力培养的一个契机。

批判性思维:批判了实验操作步序确定的、由因至果的关系。

生成性思维:还有什么条件可以利用——感生电流的磁效应。

至此,上述表格中再增加一列"感生电流的磁场方向"的内容,就得到了感生电流方向判断的楞次定律。

电磁感应现象中感生电流方向判断的教学,是高中物理教材中的一个难点。按照步序、由因至果也是人们思维的习惯性步骤,如果不经历上面的评价过程,从评价中生成,而由教师从一开始就帮助学生设计"感生电流磁场的方向",让学生去发现,这就是另一类意义上课堂教学的"灌输法"。

通过分析、进行评价、达到创造的事例,在物理学发展史上屡见不鲜,高中物理教材中《原子的核式结构》、《中子的发现》等内容,都是非常好的案例,值得我们在学生高阶思维能力的培养工作中借鉴。

2. 概念和规律的辨析过程中,加强对个案分析的评价

物理概念和规律的辨析,是教学中一个不可缺少的环节,它不仅有助于加深对概念规律本身的认识,也有助于理解概念和规律的物理意义,理解物理量或物理公式引进的目的,了解物理概念之间的区别,明晰物理概念的范围和物理规律的使用条件。

概念和规律的辨析,需要个案分析的支撑。只有通过个案的分析研究,才能使概念的形成和规律的掌握,从具体走向普遍,从普遍走向具体。

个案分析中的评价,在个案教学中有着特殊的意义。一方面它可以鉴别学生对概念和规律掌握的情况,在真实或模拟情境中发现学生概念和规律掌握的误区。另一方面,评价中学生的思维要经历信息接收、判断、鉴别、批判和生成的过程,这无疑是高阶思维能力培养的良好途径。

例如在区别速度与加速度两个概念时,教学中常会以"竖直上抛运动的物体在最高点的状态"这个个案为例,通过物体不再上升(速度为零)和其后的向下运动(加速度不为零)的特点,来分析这两个物理概念之间的差异。而"速度为零"和"加速度不为零",就是对这一个案现象的评价,从而生成"速度与加速度之间无因果关系"的结论,加深了对"物体运动的快慢"与"物体速度改变的快慢"两个不同物理概念意义的理解。

案例三　洛伦兹力不做功,而安培力做功问题的辨析

这是电磁学中一个经典的佯谬问题。问题的产生主要由于一些教科书或课外读本,是用洛伦兹力来推导安培力,把安培力作为洛伦兹力的宏观效果总和,从而引起学生在认知上的误区。

对这个问题的分析评价,是基于运动电荷在磁场中的受力来展开的。以直导线垂直于磁场方向电荷在导线中运动时的情景分析,电荷的受力除了安培力、形成电流的电场力(电源电动势的作用)外,还有霍尔效应产生的电场提供的力。电流稳定运行时,霍尔效应产生的电场力与洛伦兹力平衡,而霍尔效应产生的电场力的反作用力的宏观表现,就形成了安培力。

这一个案分析的评价中,批判性思维的指向极为清晰——尽管霍尔效应的电场力数值上与洛伦兹力大小相等,安培力大小可以由洛伦兹力推导得出,但是安培力并不是洛伦兹力的合力。评价中的生成性思维的结论也很明确——安培力就是作用于电子上的霍尔效应产生的电场力的反作用力的宏观表现,所以洛伦兹力不做功,与安培力可以做功并不矛盾。

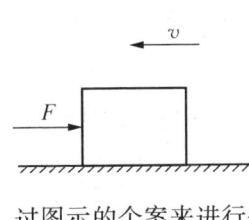

再如:动能和动量两个概念的辨析,往往是学生觉得困难的问题,一方面它们都是运动物体自身的属性,都与物体的速度有关。另一方面,它们又从不同侧面反映了物理现象不同的本质特性。为了能较好地辨析这两个概念,教学中可以通过图示的个案来进行分析。

质量为 M 的木块放在光滑的水平面上以速度 v 左行,在物体上作用一个向右的水平力,经过多少时间物体速度为零,经过多少位移物体的动能为零。

对于所求时间和位移结果的评价,是辨析动能和动量两个概念的关键。物体从速

度 v 到速度为零,动量的变化反映的是外力的时间积累效应,表征了物体反抗阻力时能行进多久。而从速度 v 所具有的动能,到速度为零时的动能为零,动能的变化反映的是外力的空间积累效应,表征的是物体反抗阻力时能行进多远。个案评价的意义,得到了充分的体现。

概念和规律的辨析中,评价是以分析为基础的,但是分析不能替代评价。分析主要是对个案的条件、环境、过程、特点等进行描述,评价则是对分析所产生的观点、结论等进行判断和考量,可以是支持原有观点和结论的,也可以否定原有观点和结论。但不论是哪一种情况,都是思维活动以后得到的生成性成果,这是我们在学生高阶思维能力培养中,应该注意区别的。

3. 概念和规律的应用中,加强对条件和方法的评价

物理概念和规律的应用,是对学生是否真正理解物理概念、物理规律的物理意义的"检验"。在这个过程中,加强对于条件和方法的评价,有助于学生从本质上、更加深入的理解物理概念和规律的物理意义。

案例四

三力平衡破坏后小球的加速度

如图一所示,质量为 m 的小球在 l_1、l_2 两根细绳的作用下静止。其中 l_1 与竖直线的夹角为 θ,l_2 为水平。试求剪短 l_2 绳的瞬间,小球的加速度。

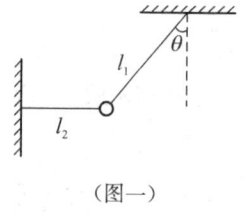

(图一)

如果根据"三力平衡、撤除其中一个力,合力与所撤除的力的大小相等、方向相反"思维惯性,这个问题的求解将是错误的。小球在细绳剪断瞬间的加速度,取决于绳剪断瞬间小球的受力情况。因此"微小形变"与"宏观形变"产生的弹力的差异,就成为了对条件进行评价的关键。注意到这一点,学生对"弹力"与"平衡的破坏"将会有新的理解,形成新的生成性思维。

概念和规律的应用中,要加强对条件和方法的评价。但有时学生的评价,往往做不到"一针见血",这时就需要教师的引导和启发,可以通过对照、比较、推理等方法,逐步深入,帮助学生养成评价的习惯,做出正确的判断。

本案例中为了帮助学生开展评价,可以采用对照、比较的方法:将 l_1 细绳改为轻弹簧(如图二),重复上面的问题,这样就会引发学生对细绳和弹簧产生弹力差异的深度思考,感悟"微小形变"与"宏观形变"的不同条件,对平衡的影响。

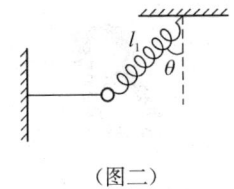

(图二)

案例五

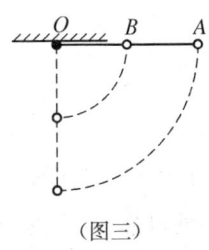

(图三)

"准复摆"的静止释放

一根长为 $2L$ 的轻杆,一端在 O 点被悬挂,使杆可绕 O 点在竖直平面内转动。杆的中点和另一端,分别固定了质量为 m 的小球 B 和 A,如图。将杆拉至水平静止释放,求 A 球到达最低点时的线速度。

本案例是机械能守恒定律和圆周运动线速度及角速度有关知识的应用。但就核心问题而言,则是 A 球隔离后能否满足机械能守恒条件的问题。

"A 球隔离后的运动符合机械能守恒",这是基于单摆运动的特点而得出的结论。

"A 球隔离后的运动不符合机械能守恒",这是发现与单摆模型有差异得出的结论。对于结论的评价,首先来源于对条件的评价。

单摆的摆线与"准复摆"摆杆的差异在哪里?摆线与摆杆给小球的弹力有什么不同?小球所受摆杆的力是什么性质?沿什么方向?这样几个问题分析后,A 球隔离后能否满足机械能守恒定律条件的问题,就有了评价的依据和结论。在这个基础上,A 球隔离后使用机械能守恒定律的方法被放弃(批判性思维),采用系统机械能守恒的方法(生成性思维)和圆周运动相关知识,就可以求出 A 球到达最低点时的线速度。

概念和规律的应用中对条件和方法的评价,不同于概念形成中对现象、结果、猜测的评价,也不同于对概念规律辨析时的评价。概念形成过程中的评价主要是抽象、归纳,概念规律辨析过程中的评价主要是区分、辨别,而概念和规律应用中的评价则更具有综合性、针对性,更具有催生学生生成性思维的环境和线索。

物理概念和规律的教学具有很强的科学性和艺术性,概念和规律的教学中孕育着丰富的高阶思维能力培养的机遇,只要我们能关注学生思维培养的要求,有意识的在教学中渗透高阶思维培养的相关元素,学生高阶思维能力的发展一定会更有成效。

8 让学生获得学习经历的教学

经历,根据辞海的解释,是指"亲身见过、做过或遭受过的事"。经历是人的阅历的基础,也是人发展过程中,成长、成熟的过程。而说到经历,就不能不提起美国韦恩州立大学生物学家、2002年当选为美国国家科学院士的莫里斯·古德曼的就职论文。

生命科学发现的震惊

2002年,美国韦恩州立大学的生物学家莫里斯·古德曼当选了美国科学院的新任院士,他在就职演说中提出了惊人的观点:现存的两种黑猩猩(普通黑猩猩和矮小黑猩猩)名副其实地成了我们人类的亲兄弟。因为研究发现,黑猩猩和人类基因组的DNA序列相似性达到99.4%,即使考虑到DNA序列插入或删除,两者的相似性也不低于96%。

黑猩猩和人类基因组的DNA序列相似性达到99.4%,这意味着什么?

现代人类社会的亲子鉴定,如果具有如此之高的DNA相似,只能说明被鉴定双方,或是父子关系,或是兄弟关系。

在世界上拥有极高声誉的英国动物学家珍·古道尔,

十几年在非洲密林中对黑猩猩的观察和研究,支持了莫里斯·古德曼的结论。根据珍·古道尔十几年在非洲密林中对黑猩猩的观察和研究,黑猩猩的行为与人类的几乎所有特征都很相似,例如它们能够制造工具,有推理能力、自我意识、移情能力、识数能力、语言能力和感情能力等等。黑猩猩经过训练后,能具有大约4岁小孩的思维和语言能力。黑猩猩和人类一样是高度社会化的动物,而且不同地区的黑猩猩群体还存在不同的社会文化。

但是,人类毕竟和黑猩猩成为了两种不同的种群。

生物决定论不支持基因的绝对数量,差异只需要33种基因就够了,关键是怎样促使这些基因是开启还是关闭。

莫里斯·古德曼指出:基因的开启或关闭是受人的行为支配的,是行为和经历决定人的基因,而非基因决定行为和经历。只有丰富而复杂的经历才会开启或关闭基因。所以,经历是开启基因的有效钥匙。

正是人类进化过程中的经历:语言、交往、创造、文化等等,形成了与黑猩猩进化中经历完全不同的差异,才使得人类与黑猩猩的33种以上的基因中,出现了不同的开启与闭合。这也正是今天人类能使社会现代化,而黑猩猩只能在丛林树梢上蹦跳的根本原因。

至此,经历是人类智慧形成、智慧发展与能力形成、能力发展最宝贵的财富,成为了全世界生物学家和人类社会学家共识的名言。

经历与体验

参加"见习居委会主任"活动的学生愕然了。

两户邻居的居民为了公用电费的支付吵得不可开交。301室的居民振振有词:"我们全家到美国去了半年,何以还要摊派公用电费?"302室的居民相唇反击:"为了你门户的安全,楼梯灯是否要夜间照明?是否要营造一种维稳的环境氛围?"……目睹这一幕,参加"见习居委会主任"活动的小F同学陷入了思考:难道居民楼公用照明就没有其他更好的办法解决吗?

"居民楼公用部位太阳能照明的设计"由此开始了。

太阳能电池板单位面积能提供多少电能?

点亮一盏40瓦照明灯泡需要多大面积的太阳能电池板？

太阳能电池板产生的电能如何储存？

电能储存达到相当电压如何避免蓄电池反向放电？

太阳能电池板如何进行日照跟踪？……

三位文质彬彬的小姑娘开始了实验研究。

太阳能电池板串、并联电压电流的测定、电池板内电阻的测定、二极管特性的测定、蓄电池容量的测定、光照强度与方向的跟踪设计，整整一个学期，她们的课余时间扑在了实验室，整整一个学期，她们在一次次实验中操作、记录、比较。

终于，《小区公用部位太阳能照明的设计》完成了，项目荣获了上海市青少年科技创新大赛的一等奖。但这样的经历却使小F等同学对小区的生活问题、科学技术在社会中的应用问题发生了更大的兴趣。随后，他们又开始了利用小区净化水过程中排出废水的《小区绿化喷淋太阳能设计》，以及老式弄堂的《小区自动雨棚的设计》，均问鼎了上海市青少年科技创新大赛的一等奖。在上海市某著名大学的招生面试中，小F同学的经历，获得了招生面试老师的高度赞誉，小F同学也成功进入了高校深造。而小F同学在学士毕业论文的选题时，就选择了《太阳能日照跟踪的实现》。可以说，小F同学的居委会太阳能研究经历，为她的学习和生活留下了深刻的烙印。

还有一件事，始终使我始终记忆犹新。

2002年，我带着八位学生来到德国一所相当于技术高中的某学校进行交流。对方学校为我们安排了一节物理实验课，我们的学生也被安排与德国同学一起，参加了这节课的学习。

这节课是在实验室进行教学的，内容是通过电源转换，将单相交流电裂相成三相交流电，再通过三相电机的工作，拉动"斜坡"上的小车。我们的学生分别被插入了八个小组中，每个小组都形成了两位德国学生加一位中国学生的三人组合。

在介绍了实验器材、布置好实验任务后，学生们开始了实验操作：电源调节、电机连接、小车拉线……指示灯闪亮、小车开始运动了。可是八个小组中唯独小W同学所在的组实验很不顺利。不论怎样连接和调试，电动机始终没有转动。看看同组的德国同学们，面对这样的情况，他们一会操作、一会观察、一会静坐、一会又好像在苦思冥想，但是也拿不出什么解决的办法。眼看着一节课大半时间已过，小W同学实在忍不住了,来到讲台前礼貌地向老师请教,这是什么原因,出现了什么故障。德国老师没有回答小W同学的问题,只是询问了她关于几个交流电的问题,最后很客气地对她说,或者你去找中国老师解决吧。由于我们始终在进行课堂观摩,对于小W同学这个组的情况基本了解,我就告诉小W同学,可能是裂相的电容器坏了,可以试着更换一下,再看看有什么情况。果然,电容器更换后,实验成功了。

课后的交流中,我向德国老师提出了这个问题,为什么您不直接告诉学生故障的原因呢?德国老师看着我很奇怪的问道:难道学生的问题都要由老师帮助解决吗?

这句话,让我直到回国后,还思考了很长的时间

是的,教师是要帮助学生在学习中解决困难。但是解决的困难应该是学生"力所不及"的类型,应该是学习建构中"同化"类型的困难。拿这节课的内容来说,学生在实验失败后,应该检查可能发生的故障原因,按照器材情况、接线情况、操作情况等顺序检查,这不仅是学生可以掌握、应该掌握、"力所能及"的内容,也正是我们需要培养的实验技能。从这个角度去思考,学生这节课遇到的实验问题,就应该要让学生自己去发现、自己去探究、自己去解决。就我自己而言,这次的经历,使我在点滴中积累着教育的思考。

这个故事还没有完。

回到宿地,发现小W同学情绪不太好,我正准备和她聊聊,她却先向我"发炮"了:同样是高中物理,为什么我们学习的内容比德国同学少?为什么我们只学习单相交流电,德国同学却学习了三相交流电?为什么我们不懂裂相,德国的同学却可以用电容裂相?

我很理解小W同学的心情,作为重点中学的学生,她的荣誉感、成就感、自尊心都是很强的。在澳大利亚友好学校时,她与对方学校所谓的物理奥赛选手进行过交流,在日本友好学校学生来访时,她也和对方学校的学生交流过,上海市物理竞赛的获奖、联考的前三名,她对自己一直信心十足,而国外课堂上实验的失败,则使她失望、也使她气愤。

从学校的性质、培养目标与教材体系等角度,我和小W同学进行了交流,平复了她的情绪。

也正是这样一次经历,回国以后,小W同学开始了《普通物理》的发奋自学,不到一年的时间,她啃掉了力学部分与电磁学部分。毕业时,她被保送上海交通大学,硕士

毕业后又留校成为了交大的教师。

经历,是人类社会宝贵的财富,也是学生学习生活中不可缺少的过程。尽管学生在学习与建构的方式上具有着多样性。可以是资料文献的查找,可以是课本内容的自学,可以是他人点拨下的发现,可以是合作学习方式下的讨论,还可以是反思后的纠错。像上述两个案例中,就包含了学生的研究经历、学生的学习经历、教师教育思考积累的经历。但不论怎样的方式,都可以成为学生自我学习和自我建构的经历。"要让学生获得学习的经历"的理念,不仅凸显了现代教育的思想,更是明确了学校教育的意义,明确了学生课程学习的意义,明确了教学的意义,回归了教育的本源和人的发展的本源。作为教学主导的教师,我们应该深刻领悟这一思想的内涵,理解不同教学形式实施的意义,在教学过程中有目的地组织好各种学习方式,丰富学生学习的经历。

获得学习的经历,丰富学习的经历,对学生人生的发展、特别是对于学生的终生学习,会起到重要的影响。

契诃夫说过,"我们的事业就是学习再学习,努力积累更多的知识,因为有了知识,社会就会有长足的进步,人类的未来幸福就在于此。"孔子和荀子也说过"学而不厌"、"学不可以已"。这就是说,我们每个人从小到大,都应该不断地学习,持续地完善自我、提升自我。1965年联合国教科文组织专家朗格朗首先提出了"终身教育"这一概念,他指出"学习是不分时间、地点的,时时事事处处都可以学习"。学习,才能继承人类特有的精神家园;掌握文化与科技发展的知识、培养人文情怀、完善品德和人格、提升自己、实现自我价值。事实上,在知识爆炸的社会,不思进取、缺乏终身学习能力、不能与时俱进的社会成员,只能被社会所淘汰。而学习的方式、自我发展的建构,正是基础教育所要给学生奠基的,应该是我们教学的基本出发点,教学就是要让学生的学习成为一种生活方式。

不同的学习建构形式,可以为学生提供不同的学习经历,也可以使学生获得不同的学习体验。但是从本质上讲,学生在经历中获得体验与感悟,才是经历中最为重要的核心与收获。

体验,按照心理学的说法,凡是亲身接触的、或经历的、或验证过的事情,都可以称之为体验。举例来说,在电烙铁使用时,用手接触到了烙铁头,你就会体验到了高温;当你接触到了金属带电体(静电)的时候,你可能会体验到"麻";当用手压缩弹簧时,手就会感到弹力。这些都是接触的体验。但是体验还有另外一种内容——无形的、"只可意会"的感觉。例如,当有一定难度的习题完成后,就会获得一种自信的成功感;当自己的设计制作获得好评与赞誉后,就会产生欣喜愉悦的心情;当研究论文因为某种原因(如论据不足或逻辑推理不正确)被否定掉时,可能会出现沮丧的情绪和心情;当某一结论被验证后,又会出现对结论来源者(提出结论的教师、家长或他人)的信任感——这就是对于情绪或情感的体验。学生通过学习经历而得到体验的一个主要的内容,就是这样的体验,对于情绪、态度、心情、情感的体验。

体验一定是以经历为基础并在经历中获得的,没有经历就根本谈不上体验。体验到的东西会使得人们感到真实与可信,并会在大脑记忆中留下深刻的印象。

从教学的角度看,对于"态度、情感、价值观"的体验具有非常重要的意义。三维课程目标中"态度、情感、价值观"的达成,主要是需要依靠"体验"来实现的。积极向上的态度、充满热情的情感、责任意识的价值观,能够充分激发学生的学习兴趣与积极性,鼓励学生在失败面前的坚持与信心,使学生获得学习中的持续的动力。所以教学过程中,提倡"让学生获得成功的体验"、"发掘学生学习中的闪光点"、"善于表扬学生"、"能够予以学生更多的鼓励"的教育行为,加强了学生在学习建构中对"体验"的关注,符合了现代教育理念与教育心理学的要求,成为了从"体验"这个角度开展的"成功教育"的内涵。

有句广告词很有哲理:"人生就像一场旅行,不必在乎目的地,在乎的是沿途的风景以及看风景的心情"。"沿途的风景"就是经历,"看风景的心情"就是情感或情绪的体验。教师的工作和学生的学习都像一场旅行,将来会达到什么样的目的地,都是个未知的谜。但只要让学生不断获得各种学习的经历,不断地积淀自己的经验和方法,不断体验到学习建构中的成功感、成就感,就能使学习建构的过程不断持续,为学生明天的发展,奠定厚实的基础。

经历与体验基础上的感受

感悟则是人们对特定事物或某一经历所产生的感想与领悟。

真正的感悟一定来源于人的亲身经历与感受,需要由学习者学习建构的经历予以支撑。感悟的类型可能有所不同,有渐渐领悟的形式,也会有瞬间开悟形式。但这并不一定影响由于感悟对人的发展,所谓"大器晚成"也多多少少隐喻了这个观点。感悟与人的年龄水平、生活阅历、理解能力有密切的关系,经历同样一件事情,不同年龄的人可能就有不同的感受。感悟的另一个特点则是具有较强的主观性,具有思考或是思想的成分,会受到人的主观意识的左右。但是只有不断的感悟,才能使人们对人生、对事物以及对世界的看法发生改变,调整自己在社会生活中的方式。

案例

OM(头脑奥林匹克活动)队长的两次道歉

"砰"的一声,资料和文稿重重地砸在了桌面上,小 H 同学发火了。"这是我花了几个晚上,凭借我参加 OM 七年的经验做出来的方案。你们说不好,那你们就拿一个方案出来给我看看"。这是"轨道的变化"项目第二次方案讨论会上发生的情况。

小 H 同学从小学开始就参加 OM 活动,现在是学校 OM 队的队长。这次"轨道的变化"的任务,是让一辆小车两次通过由四根轨道组合成的封闭矩形,并完成拖曳物体、机器手伸出清障等任务。而当小车第二次经过每一轨道时,轨道要发生变化。同时整个过程还要有情境串联,形成一个表演的故事。应该说,小 H 同学的设计花费了不少心血。他根据以往一些设计制作的经验,先将轨道变换设计为斜面的、S 形的、盘山形的、双层架空形的,故事也采用了抗震救灾主题的表演,第二次又做了修改,增加了小车在轨道衔接处的"电梯"升降功能,增加了小车对物体"隔空拖曳"的设计。但是讨论会上同学们总觉得轨道变化的新意不够,所以两次否定了他的方案。

教练老师没有直接对小 H 同学进行批评,而是要求他冷静、等待其他同学的设计。

多次的头脑风暴后"轨道的变化"定稿了。"变化"的设计采用了"过山车轨道"、可以中央分离拉升起的"断裂式轨道"、"磁悬浮轨道",并保留了小 H 同学"双层架空"轨道和小车在轨道衔接处的"电梯"升降功能及对物体"隔空拖曳"的设计。

也许设计阶段的曲折给了小 H 同学从没有过的感悟,定稿会上他向全体队员进行了第一次道歉:过于自信、忽略了集体的智慧,全然没有队长的风度。

制作、排练、表演的活动仍在继续着,小 H 同学依旧带领着队员充满热情地投入着。比赛与表演获得了极大的成功。总结会上,小H同学首先发言,向队员们进行了第二次道歉:方案设计阶段的行为,是自我经验的骄傲、同伴信任的不够、没有做到相信团队的力量。

两次的道歉说出了小H同学活动经历的感悟,使他进一步理解了集体的智慧和团队的力量。

在教学中关注学生学习建构的感悟,有三个方面的内容值得一提。

第一,加强教学设计中学生反思环节的设计

感悟是学习者学习经历的感受和感想,不仅对学生的学习动力系统有推动作用,对学生学习方法、学习过程、学习经验等方面,也有总结改进与提高的作用。所以作为获得学习感悟的反思环节应该加强。教学中要有意识地进行引导,可以通过学习心得、学习交流、经验介绍等方式,提高学生感悟意识的主动性。而例如演讲、主题发言、自我总结、反思性交流等形式,还能使学生反思后的感悟显性化,提高学生感悟的质量,促进学生在反思中成长。

反思环节可以设计在学生学习建构经历结束时(如研究课题的经历),也可以设计在学生学习经历的不同阶段。如习题课学习后的总结、单元教学后的总结、学期考试结束后的反思等。因为学生在学习经历中的感悟,可能是即时获得的、也可能是在经历的过程中逐渐产生、明确和积累的,感悟形成的不同形式,就要求了反思环节的不同设计。而当学生在学习过程中出现较为特殊的行为事件,那反思就更需要及时性和有针对性。

第二,尊重学生感悟的个性化

学习建构的经历是一个过程,它一定包含了各种不同的内容,也会由此从不同的角度引发学生的思考、领悟,使学生个人在某一方面或某几方面获得感悟。这种感悟与学生在经历过程中观察事物的视角有关,与学生对经历进行反思的角度有关,也与学生对经历某一方面或某几方面感受的敏感度有关,可以称之为感悟的个性化。

让我们再来看一下前面提到的小W同学在德国实验室学习和小H同学两次道歉的案例。

小W同学的经历,让她至少在四个方面获得了感悟。

德国这所学校的物理学习内容与我们所学的教材内容是有差异的;

自己在三相交流电方面的实验操作比德国同学逊色;

德国老师与中国老师对于学生问题的解决方式是不相同的；

作为重点中学的优秀学生必须在物理学习方面更加出色。

而小 H 同学的 OM 活动经历，也使他至少在四个方面获得了感悟。

过于依赖自己以往的经验设计中的新意不够；

个人自信对集体的智慧体会不足；

相信同伴、相信团队的意识应该加强；

作为队长应该具有更好的风度与包容的态度。

这种基于不同角度获得的感悟，说明了学生在进行思考时视角的拓宽，标志了学生的成长、成熟与发展。值得教师在教学活动中提倡。而需要注意的，则是教师不要轻易的凭借自己的主观判断，对学生的这些感悟进行主次轻重的评判。

学生感悟的个性化，还包括了另一种情况。这就是同一种学习建构的经历，对于不同的学生可以产生不同的感悟。这个原因很简单，不同的学生有着不同的曾经的学习经历，也有着不同的现在的学习水平和思考水平。我曾在力学板块内容复习结束后（经历），请学生谈谈力学内容学习后的体会（感悟），就得到了一些不太相同的答案。

"力学是从定义、类型、表示、特点、效果等方面对力的研究"；

"力学是力对物体运动效果研究"；

"力学解决了过程量与状态量之间的关系。因为功与冲量是过程量，能量与动量是状态量，功与冲量的多少都等于能量与动量的改变"；

"力学回答了外力对物体运动的影响。不为零的合外力产生加速度，合外力做功等于动能的变化，外力冲量的代数和等于动量的变化。加速度、动能、动量都反映了物体的运动"。

……

类似的，在让学生观察电磁炉加热水的现象后（经历），我请学生回答意识到了什么（感悟），也得到了不同的回答。

"法拉第电磁感应定律"；

"麦克斯韦电磁理论。变化的磁场产生了涡旋电场形成了涡旋电流"；

"焦耳定律。电流流经电阻时会产生热现象"；

"能量守恒定律。磁能转变成电能，电能转变成内能"。

……

这些不同的答案说明了学生对同一种经历,会有不同的感受与不同的思考,这就是不同的感悟。对于这些不同的感受有必要强求统一吗?答案是否定的。现代教育的理念提倡个性化教育,提倡对学生的个性化培养,提倡针对不同学生的个性特长开展和实施个别教育。那有什么理由要统一学生的感悟呢?

但是不统一并不等于放任,在面对学生的个性化感悟时,教师的关注点可以放在学生对这些个性化感受的科学性方面,关注学生感悟进行描述时的准确性方面,特别要纠正感悟中出现的科学性错误,帮助学生提高感悟的内在质量。

第三,要注意对学生感受的正面引导

世界上的事物都有着不同的侧面,形成学生的经历与体验时,会从不同的角度引起学生的共鸣,成为学生自己的个性化感悟。由于青少年学生思维的活跃性和社会阅历的局限性,以及问题思考的全面性、成熟度,这种个性化感悟中出现一些错误是完全可能的。但是作为教师对于这些错误的类型,应该有所判断、有所敏感。当错误是非原则性问题时,教师可以和学生一起讨论、沟通交流,帮助学生提高认识水平、分析水平和思考水平。但当这些错误是原则性问题时,有些甚至是极端时(这种情况特别容易出现在人文学科),教师必须旗帜鲜明,对这些错误坚决的持以批判和否定的态度,绝不能留下任何隐患。

那么,原则性错误的问题究竟是什么呢?用最简答的话来说,就是有悖于主流价值观的东西。

我们可以看一看当下网上流传的一些所谓的高考零分作文,体会一下零分的原因。

案例一 某省高考作文"什么是不朽"

"……倘若这世上还真的存在一些不朽,我想,也许就是那些放多久都不会变质的食物,还有这永远是"题目自拟,体裁不限,诗歌除外,不少于800字"的高考作文。如果说这世上还有最后一个不朽,那就是我的高考零分作文终将永垂不朽,请阅卷老师节哀!"

这样的作文,作为教师看了以后真是痛心疾首。

别的不说,经过十二年的学校学习,"什么是不朽"都不懂吗?理想的不朽、事业的不朽、信念的不朽、追求的不朽难道不知道吗?这已经不单单是作者的写作境界问题,更是作者的人的品质问题。

案例二 某省高考作文"范儿选择的权利"

"浑浑噩噩地睡了几天之后,我终于醒悟。高考不是我的范儿,快乐肆意地生活才是我的范儿。……并且始终听从我的内心。最终,我有了我的范儿。"

这是一种怎样的人生准则和态度啊。

文中,作者选择的"范儿"是"快乐肆意地生活"。请注意。这里作者用了"肆意"二字来表现对生活的要求。那么,怎样的生活才算是"肆意"呢?摒弃人伦亲情?踩踏道德底线?藐视社会法律?任意为所欲为?现代社会里没有任何一个国家、任何一个地方允许这种"肆意地生活"!这样的观点应该得零分!

从上面这两个案例中可以看出,如果以这样的思考,感受生活的经历和体验,就有悖于社会的主流价值观,不可能被我们的社会接受与认可。

青少年学生处在生长发育阶段,思维活泼、想象力丰富、愿意接受挑战、也敢于挑战权威,这是一个基本的事实。但是如果仅凭借着这一点,就去无根据地挑战科学、情绪化地挑站权威、无道德地挑战社会、无底线地挑战国家(特别是后两条),这是不允许的。"要注意对学生感受的正面引导",指的就是这样的意思。

新一轮课程教材修订以来,在青少年培养教育工作中,已经提出了核心素养的问

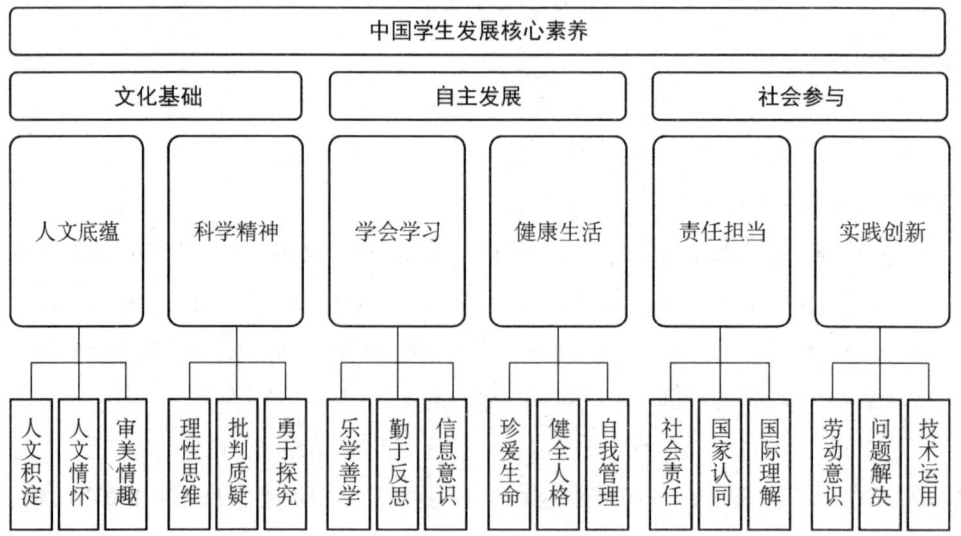

题,我们可以看一下它的内容。

在"科学精神"的下一级指标中,首先就是"理性思维"。只有在理性思维基础上的对于经历和体验的感悟,才是我们需要的、对人生、对事物以及对世界的看法发生改变的感悟。

9 支持学生优势学习的教学

学生的学习优势(Learning styles,也翻译成学习风格)是个体差异的一个十分重要的因素。它是指学习者最适合自己的有效的学习方式,从而在学习中表现出的持续稳定地维持相当长的时间(持久性),在完成类似的任务时始终表现出的稳定性(一致性)。

优势是每个人都拥有的天然倾向,它是进化而来的适应机制。每个人在发挥自己的优势时,会感觉能触及"真实的自我",感悟做一些我们该做的事情。感到自己是有活力的、充满能量的。当这些因素同时出现时,就能达到最佳的功能水平。可以认为,优势学习是引导个体追求美好事物、促进其毕生积极健康发展的积极心理品质。

学生的优势学习是"以人为本"的,它承认学生之间存在着差异、各个有别。由于遗传因素与后天环境的影响,人的禀性、天性、潜能、品行、习惯、性格、气质等从来就不相同,恰似人有十指,十指各不相同,"不要幻想所有的孩子都是你眼中温顺的羔羊,很难想象一条大河中只有中规中矩的舒缓,没有湍急和咆哮会是什么样子,逾越规矩桀骜不驯是充满亲和力的美妙"(斯托奇语)。所以要考虑学生的差异,促进其独特的发展。就不能也不应使学生成为一模一样的人,并教以一模一样的东西。

学生的优势发展与人的创造教育也密切相关,强调学生的优势发展,就是强调人的主体性,强化人的独特性,提升人的自主性。这与教育的基本价值取向一致。学生只有具有强烈的自我意识,才能独立完成学习任务,勇于面对生活、独立生活、独立处事,不盲目地迷信古人、迷信书本、迷信权威,大胆质疑,敢于发表自己的见解。同时这也与多元智能的理论一致。我们应该承认差异,正视差异,注意观察,发现每个学生都有的自己的优势领域与优势的学习方式和方法。

优势学习的理论

学习优势理论,在国内外研究者中,以邓恩夫妇的学习风格的理论影响最大。根据邓恩模型和其他学者的理论模型,学习风格(学习优势)可以分为环境因素、生理因素和心理因素三个主要方面。

A. 环境因素

1. 物理环境

(1) 声音偏爱。学习者个体在学习新东西与集中注意于难度较大的任务时,对声音刺激有着不同的反应,大致可以分为三类:1)需要安静;2)利用背景声音掩盖学习时其他声音的干扰;3)没有明显意识到背景声音的存在,即可容忍一定程度的噪音。

(2) 光线偏爱。由于生理结构和功能上的差异,个体对光线的感受性有高有低,因而对光线的明暗要求不等。有的需求光线明亮,有的需求光线柔和。强光会导致偏爱弱光的个体情绪紧张,而弱光使偏爱强光的个体学习提不起精神。

(3) 温度偏爱。学习环境中适宜的温度有利于学习效率的提高,反之,室温偏高或偏低,则不利于学习。有些学习者喜欢凉快些,而有些学习者则爱温暖些,表现出对温度高低的不同偏爱。

(4) 坐姿偏爱。学习者对学习时的姿势也有不同的偏爱,有些人喜欢正规的坐姿,而有些人则偏爱非正规的、较随便的坐姿。喜欢正规坐姿的学习者,端坐在桌前板凳上看书学习,效率较高;偏爱非正规的、较随便的坐姿的学习者,会选择一种轻松的体态,坐在或懒散地躺在床上、沙发上、椅子上,甚至地毯上。

2. 社会环境

学习总是在一定的社会环境中进行,或多或少受到同伴、师长的影响,因而具有社会性。学生在学习的社会性因素方面存在着不同的风格。

(1) 独立学习与结伴学习。有些学习者喜欢独立学习,与其他人在一起时不易集中注意或注意持续时间短,从而使学习效率下降;而有些学习者则相反,喜欢与他人一起学习,在集体的环境中相互激励、相互督促,增进学习效率。为了满足所有学生的不同需要,有经验的教师既会提供小组或合作学习的机会,也会给学生留出独立学习的机会。

(2) 竞争与合作。竞争与合作均是动机激发的主要手段,有些学生更倾向于通过竞争激发学习动机,而有些则偏爱合作学习,觉得在合作的情境中学习更有安全感。

(3) 成人支持。有的学生学习时需求成人支持,有的只要有人陪伴就好。

B. 生理因素

1. 感觉通道。依据识记材料时对某种感觉通道的偏爱而产生最好效果,可分为视觉型、听觉型与动觉型。

视觉型擅长于通过自己读或看来学习,这样的学习者对视觉刺激敏感,习惯从视觉接受学习材料,例如景色、相貌、书籍和图片等。这样的学习者喜欢通过自己看书和记笔记来学习,而不适于听取教师的讲授和灌输。

听觉型则善于通过听来学习,这样的学习者对听觉刺激敏感,对语言、声响、音乐的接受力和理解力强。他们在学习时甚至喜欢戴着耳机听音乐。当学习外语时,他们喜欢的方式是多听多说,不太关心具体单词的写法或者句型结构。

动觉型则以动手、动口来学习,效果最好。他们喜欢接触、操作物体,对自己能够动手参与的认知活动感兴趣,而教师用手拍拍他们的头表示赞赏所产生的效果要比口头表扬好。

2. 时间节律。每个个体对一天之中学习时间的偏爱是不同的,不同个体在不同时段的心理状态各不相同,有人在早晨(这种人被称为百灵鸟型)学习效率高,有的人在晚上至深夜(被称为猫头鹰型)学习效率高,有的人在上午易于集中注意,而另一些则在下午学得更好。当然也有些学习者属混合型。

3. 大脑的单侧化。这是指左侧或右侧大脑半球何者占优势的问题。右侧脑与直觉、艺术等倾向相联系,其加工方式是视觉的、平行的、整体的、模拟的。左脑则与逻辑和系统思维相联系,其加工方式是言语的、系列的、数字的、几何学的、理性的和逻辑的。每个人单侧化优势不同,在学习的有关材料上就会有差别。

4. 活动性。在学习过程中,各学习者有不同的表现:有些人学习一段时间后喜欢做些短暂的休息或活动活动身体,而有些人则不需要休息或活动身体直至最后完成学习任务。

C. 心理因素

学习风格的心理因素包括认知、情感和意动三个方面。认知因素主要涉及对信息和经验进行组织加工的方式和特征,即个体感知、记忆、思维、问题解决、决策以及信息加工的典型方式。情感和意动因素涉及情绪表露、价值判断、行为决策等活动的方式及其特征,诸如好奇心、焦虑水平、坚持性、成就动机、志向水平、主动性以及冒险性等方面。

1. 场独立型和场依存型

早在1940年代,美国心理学家赫尔曼·威特金(Herman Witkin)就提出,有些人知觉时较多地受他所看到的环境信息的影响;有些人则较多地受来自身体内部的线索的影响。他把前者称之为场依存型(field dependence),把后者称之为场独立型(field independence)。场依存型与场独立型这两种认知风格与学习有密切关系。一般说来,场依存型者对人文学科和社会学科更感兴趣;而场独立型者在数学与自然科学方面更擅长。但相对场依存型的人和相对场独立型的人的区别,不是在学习能力上的,而是在学习的过程上的。

2. 冲动型和沉思型

卡根等人(Kagan,1966)曾对认知速度进行过深入研究。识别出两种不同的认知风格。冲动型(impulsive)学生一直有一种迅速确认相同图案的欲望,他们急忙做出选择,犯的错误多些;沉思型(reflective)学生则采取谨慎小心的态度,做出的选择比较精确,但速度要慢些。沉思型的儿童在中等难度的知觉与概念性的问题解决任务中的成绩比较好,在概念获得和类比推理任务中能做出更成熟的判断。沉思型与散文阅读、系列回忆和空间透视有正相关。与沉思型儿童相比,冲动型的儿童更容易分心,急于求成,成绩较差,掌握性动机比较弱。

3. 深层加工和表层加工

学生对信息进行加工的深度存在两种方式,一种是深层加工,另一种是表层加工。深层加工指深刻理解所学内容,将所学内容与更大的概念框架联结起来,以获取内容的深层意义。表层加工指记忆学习内容的表面信息,不能将它们与更大的概念框架联结起来。

4. 整体型和序列型

英国心理学家帕斯克(Pask,1976)发现,学生使用的假设的类型以及建立分类系统的方式上,往往表现出了一些有趣的差异。有些学生提出的假设一般来说比较简单,每个假设只包括一个属性。这种策略被称之为序列性策略(serial strategy),而另一些学生则倾向于使用比较复杂的假设,每个假设同时涉及若干属性。这种策略被称为整体性策略(holistic strategy),就是指从全盘上考虑如何解决问题。采取整体性策略的学生在从事学习任务时,往往倾向于对整个问题将涉及到的各个子问题的层次结构以及自己将采取的方式进行预测,而且,他们的视野比较宽,能把一系列子问题组合起来。采取系列性策略的学生,一般把重点放在解决一系列子问题上。他们在把这些子问题联系在一起时,十分注重其逻辑顺序。由于他们通常都按顺序一步一步地前进,所以,只是在学习过程快结束时,才对所学的内容形成一种比较完整的看法。

与整体型和序列型相类似,同时性加工(Simultaneous processing)和继时性加工(sucessive processing)两种类型也被提了出来。

同时性加工是指学习者习惯于在同一时间内对多个信息做出加工,并将它们联合成整体,从而获取事物的意义。继时性加工是指学习者倾向于对外界信息逐一进行加工从而获取其意义。对信息的同时加工和继时加工,是人们处理信息的两种基本方式,学习者对此有着不同的偏爱。擅长于同时加工的学习者表现出善于系统把握事物的视觉空间关系,能觉察到各部分以外的更多信息。擅长于继时加工信息的学习者倾向于按部就班、以线性方式处理信息。

5. 趋同记忆与趋异记忆

在接触到新信息的时候,有的学习者倾向于精确地知觉新信息,能够觉察出新旧信息的细微不同和变化;有的学习者则倾向于很快地将新信息同化入原有的信息之中,而不能做出精确的分化。这两种对记忆风格的偏爱分别称作趋异和趋同。趋异者由于对新信息做出了精确的分化,则能够精确地回忆;而趋同者由于没有对新信息做出精确的分化,只在头脑中保持了较为模糊的印象,因此不能精确地回忆。

从优势学习理论的描述中,我们可以清晰地看到,学习者对外部环境的要求有着极大的差异。就物理环境而言,不同的声音、灯光、温度、坐姿会使学习者有不同的效果;从生理特征看,视觉性、听觉型、动作型、活动型的学习者对输入的刺激及其时间节律也有着不同的要求;而独立学习、合作学习、竞争与辅导更是学习者对于不同学习方式的需要。不同类型的学习者认知特征的心理因素,也因人而异迥然不同。这一切都告诉我们,每一个学生都有自己的学习优势,它可能是时间上的,可能是内容上的,也可能是方式上的。让学生真正实现选择性学习,就要从时空上提供条件,在内容与方式的抉择上予以学生决定权。激发起学生的学习兴趣、能力。

案例

《上海教育》采访学校思维广场时,记者看到了很奇怪的一幕。

小J同学和其他四位同学在《知本》室里席地而坐。学生们一方面引经据典、激烈地争论,另一方面则不停地翻阅手机、查找资料。记者旁听了一会后,向小J同学提出了问题。"你们为什么坐在地下进行讨论,坐在桌前不可以吗?"小J同学很洒脱地说:"坐在地上没有什么不好,这样的讨论方式我们也都挺习惯的,不受拘束、很随便,想说什么尽管说。"

参加讨论的另一位女同学小Z看着记者,似乎很不解地反问,"讨论难道一定要规规矩矩坐在桌前吗?"她接着又告诉记者,这样的讨论他们经常是随意而为的,可以指手画脚、可以愤而跺足、可以起立演讲、也可以在玻璃墙上推理演算。"大家都喜欢这样的无拘无束,这样的方式真的会使大家的思维更活跃"。

《上海教育》的记者被说服了,他拍下了这一场景,并且配发在了2012年12期杂志《定制学习》的专访中。

从教学的角度看,"优势学习"既是教育的手段,又是教育的目标。作为手段,它是因材施教的科学依据和重要抓手。因为就学生的优势学习而言,本质上就是个性化学习、选择性学习。教学要支撑学生的是学习,就要尊重和承认学生在智力、社会背景、情感和生理等方面存在的差异性,尊重学生兴趣、爱好和特长,从多元智能和优势学习理论的角度,设计和策划有利于学生发展的学习环境和内容,促进受教育者的体能、智能、活动能力、道德品质、情感意志等素质自主、和谐、能动地发展,形成青少年学生良好的人格特征和个性学习品质。作为教育目标,优势学习强调了学生是带着自己的经验和情感进入学习,完成自主的建构的过程。所以凸显了尊重学生的个性差异、选择性差异、特长差异的理念。例如,学习时间的选择往往是学习效率提高的至关因素,也是学习者能够掌控自己的显性表现。按照心理学的理论,每个人都有生理、情绪、智力的起伏涨落,这也使得每个人在不同时间的学习中、在同一时间不同内容的学习中,有着效果上的差异。选择适合自我个性化的学习时间、选择学习内容的优势学习时间,就是对学习的解放与革命。

小 s 同学是一个非常有个性的学生。从高一入校开始,每周一定会抽出两小时左右的时间去网吧打游戏。他的父亲,上海一家医院有相当名气的医生,对此"深恶痛绝",不仅在家里封闭了小 s 的上网路径,还多次与老师联系,希望能改变小 s 的这种习惯。但小 s 同学始终不以为然,用他自己和老师的说法,作为智力、反应力、灵敏性训练的活动,有必要看成"洪水猛兽"吗?更令人不可想象的是,物理高考前夜,小 s 直至晚上十一点才从网吧回到家中。由于第二天还要参加考试,小 s 的父亲"忍气吞声",没有和孩子发生正面冲突。高考成绩公布了,小 s 获得了物理 147 分的得分,并以总分超过五百四十分的高分,被上海交通大学录取。

作为学长,被重新请回学校向学弟学妹介绍学习经验时。小 s 谈起了他打游戏的感受:"有人说游戏会上瘾,我就控制了自己不上瘾。上网游戏时,我会忘掉作业的压力、考试的压力、所有学习上的压力。游戏以后,我就是身心轻松地回到学业上。我玩游戏,就好像有的同学听音乐,只是学习的陪伴而已。"

这是一个比较极端的案例。小 s 同学本身,就是一个智商较高、聪明、接受能力较强、也很有策划能力的孩子。只是他的脾气比较执拗。对于他认可的事情,他不会轻易地改变。而在学习过程中的一些习惯,他自己能够有所控制,使之成为自己有益的

"陪伴",这就为他的学习增加了独特的色彩。

值得指出的是,作为中学生他们未必清楚自己的学习优势,不论是在认知特征的心理因素方面,或是多元智能中所涉及的优势智能方面。这不是通过简单的观察或根据某些学科的学习成绩就可以冠之的。确定学生的优势学习内容,需要有科学的测试和试验,才能较为准确地判断。但是这并不妨碍教育过程中对学生优势学习内容的激发或正向迁移,一旦当这样的激发或正向迁移达到阈值时,学生优势学习的内容一定会从量变进入质变,形成稳定的优势学习风格,形成良好的学习品质。

让教育个性化在学生自我选择中张扬

个性化教育就是要弘扬学生的独特个性,尊重和承认学生在智力、社会背景、情感和生理等方面存在的差异性,了解其兴趣、爱好和特长,从多元智能和优势学习理论的角度,设计和策划有利于学生发展的学习环境和内容,促进受教育者的体能、智能、活动能力、道德品质、情感意志等素质自主、和谐、能动地发展,形成青少年学生良好的人格特征和个性学习品质。

思维广场的建设,就是通过学习环境和学习内容可选择性的设计,凸显了个性化教育的元素和内涵。

一、思维广场硬件和环境的建设

这是一个集图书馆、电脑房、会议室、沙龙、休闲吧等功能于一身的"非典型"教室,占据了两个楼层,面积达880平方米。宽敞、通透、开放、舒适,一排排开放式书架、一台台电子词典,学生可以随意地阅读和使用。广场中配备了移动黑板、投影仪、电视机、24台一体机(无机箱电脑)、44台Ipad、50只蓝牙书写笔,提供了无线上网环境。广场里设计了6间用玻璃封闭的区域,内部的桌椅可以灵活组合、随意布局,形成一个个"长桌型"、"马蹄形"、"吧台型"的组合,是学生经过预约后开展讨论、辩论、演讲的区域。封闭区域外,均为开放性的设计。散放着各样色彩鲜亮、形状各异的座椅、讨论台和沙发,形成了可以休憩、阅读、讨论的自由空间。

思维广场的硬件和环境建设,为学生学习方式的选择、学习伙伴的选择、学习导师的选择、学习内容的选择,提供了充分的自由度。思维广场以三节课的时间长度一次性接纳三个班级的学生,同时开设三门学科的学习内容。学生们进入广场,首先要领取"自主学习任务单",然后根据自己的兴趣、爱好、特长和要求,根据学习的主题(可以是教师发布或由学生发布),在各讨论室门前"预约",报名某个场次的讨论,进行个性化学习的自我选择。

二、思维广场教学内容的设计

思维广场的教学是有别于课堂教学形式的。为了激发学生的个性学习兴趣,教师在教学设计时会根据教学目标的要求,设计多话题的讨论主题,让学生根据自己的个性要求去选择。

以第13周高中政治课教学《消费者权益保护》为例,为达到"运用维护消费者合法权益必要性的相关知识评价社会经济现象,理解消费者的权利和义务,运用消费和维权主要途径的相关知识涉及消费者维权的方案"的要求,陈雯老师在这次学习中设计了12场主题讨论,供学生选择。

类型	话题	时间	参加人数
教师组织的讨论	双十一网购遭遇超卖门	10分钟	12人
	双十一网购遭遇超卖门	10分钟	14人
	辩论:顾客是上帝吗?	15分钟	16人

续 表

类型	话题	时间	参加人数
	辩论：顾客是上帝吗？	15分钟	15人
	《消费者权益保护法》的修订	20分钟	12人
	《消费者权益保护法》的修订	20分钟	10人
学生组织的讨论	学做智慧买家	10分钟	5人
	模拟法庭	10分钟	5人
	我们的维权之路	10分钟	3人
	论"月饼消费券"的改革	10分钟	5人
	看电影能自带饮料吗？	15分钟	8人
	"酒鬼酒"事件带来的信任危机和警醒	10分钟	6人

通过学生自学教材，网络查询信息、与同学讨论、与教师讨论、可以自己作为主持人组织讨论、案例分析、游戏、模拟法庭、辩论、讨论等各种形式，激发了学生的学习兴趣，张扬了学生的学习个性。

三、思维广场教学策略的设计

为了提高思维广场个性化学习的针对性，广场任课教师在教学策略上也进行了开发和研究。以下是历史学科的杨伟帆老师"思维广场教学模式下的个性化教学策略"。

1. 学生个性：学科知识丰富，善于选择、组织讨论，希望成为群体焦点型。

教师策略：采用学生确立主题并组织全过程的讨论专场。

这类学生的学习兴趣体验是现场型的,他们会提前思考课程,并设计课程的走向,他们更抵触传统教学模式下由教师设定教学的走向。高一(8)班的 X 同学就是典型代表。该生在平时的传统授课模式下就喜欢不停的上课提问,非常有想法,有时的独立见解很让教师震撼。所以对于这种类型的学生,教师采取的个性化策略就是在思维广场的教学中采用学生确立主题并组织全过程的讨论(五场讨论中的一场),学生几乎完全承担了教师的角色,从提前一周准备讨论主题到准备讨论材料再到思维广场中完成十五分钟的主持讨论,整个工作量是很大的,但 X 同学乐于其中,并且已经多次主持了历史、政治学科的讨论场次,他自己认为他的学习体验是美好的,学习兴趣被充分激发。尤其值得注意的是,由学生自主确立的讨论主题往往更受到学生的欢迎。

2. 学生个性:学科知识丰富,善于参与讨论并希望成为某个团队领袖型。

教师策略:采用以班级为单位的团队辩论型讨论主题。

这类学生的学习兴趣体验也是现场型的,他们会提前准备并参与到主题讨论中并体验其才华的发挥,与1类学生的不同在于他们不希望自己确立主题更希望是出色的完成教师选择的主题,但他们的团队协作能力更强,体验团队领袖的要求更强烈。高一(1)班的 C 同学就是典型代表。该生是学生会的积极分子,平时就善于参加学校班级的各类组织活动并在其中起到团队领袖的作用,所以这个学生在思维广场的大群体教学模式下也希望体验率领一个团队完成教师学习任务的体验。所以对于这类学生,教师采取的个性化策略就是在思维广场的教学中采用以班级为单位的团队辩论型讨论主题,从一般传统的双方辩论到更具挑战的多方辩论主题,例如儒、道、法三家模拟百家争鸣场景的主题讨论。在这种个性化教学策略中,C 同学此类学生如鱼得水,充分准备,将智能发挥到淋漓极致,他们的学习激情与体验要求都得到完美实现。

3. 学生个性:学科知识丰富,但不希望成为群体焦点或团队领袖,希望对权威采取反对、悖论式诘问。

教师策略:专门设计诘问式讨论专场。

这类学生的学习兴趣体验也是现场型的,占学生中的比例比1、2类要高很多。不同于1、2类学生的是他们不希望提前准备,也不喜欢自己成为焦点或团队领袖,但自己即兴的独立见解会毫不犹豫的成为讨论时的碰撞火花,不遵从于权威的理论,这也是一种非常优秀的学习品质。高一(4)班的A同学、高一(8)班的T同学等是典型代表。教师对于这类群体更为庞大的学生采取的个性化策略是专门设计了诘问式讨论专场,将1类学生的需求和3类学生的需求整合,主持者与诘问者在讨论专场中会激发出更为灿烂的思维火花。由于是设定为诘问专场,所以来参与讨论的学生都是3类学生,他们的学习激情与体验要求得到充分实现。

4. 学生个性:学科知识一般,希望聆听式参与,善于课后整体反思型。

教师策略:设定学习任务为讨论记录、候场大厅涂鸦、课后反思整理讨论稿。

这类学生的学习兴趣体验不是现场型的,占学生中的比例最大。他们在思维广场中显性表现为聆听式参与,但实质上隐性的思维量仍然很大,并不比1、2、3类学生少,只是他们学习体验要求是不希望有较大的群体压迫力,但他们内心的思维悸动与学习激情是一样的。针对这类学生教师采取的个性化教学策略是设定讨论现场记录、候场大厅涂鸦、课后反思整理讨论稿。非现场型体验的学生在这些方面的学习兴趣及体验要求是很高的,他们的智慧化作了文字而凝固。

四、思维广场教学激发了学生的学习兴趣

思维广场的教学激发了学生的思维,主题讨论中学生各种观点的表达成为课堂的主要部分,这和常规的教学大相径庭。常规教学即使安排了讨论环节,由于时间的限制也常常流于形式,学生来不及思考也没机会表达。思维广场则为学生的思考提供了

比较充分的时间和空间,同学之间思维碰撞更引发了层出不穷的想法和说法。

　　高一(4)班的陈晓婧喜欢选择(8)班同学主场的讨论,在一场《顾客是上帝》的辩论中,参与者有12位来自(8)班的男同学,虽然预约人数已经满了,她还是强烈要求一起参与讨论,她说就是要看看(8)班的男同学是怎么讨论的。

　　学习《适度消费》一课时,教师安排了一场关于中国奢侈品消费盛行原因的讨论,学生从消费心理、个人收入增长、国家经济增长、消费结构升级谈到消费文化、国际分工、国民性格、收入分配、商业宣传和社会舆论等角度进行分析,他们的观点超越了教材,更是超越了教师对此问题的思考。

　　高一(8)班的陈婧华同学组织了一场《学做智慧买家》的讨论,在上课之前,她查阅了一些资料,确定了自己的讨论话题,阅读了教师推荐的书籍,与教师交流了对此话题的看法。当天,有5位同学预约了她组织的讨论,可是整个讨论进行得并不顺利,之后,她又选择了一场老师组织的讨论,这场讨论话题与她选择的内容差不多,通过比较和学习,她不仅对话题本身有了更加全面的认识,对于如何分析问题,组织讨论有了进

一步的了解。

关于《丽媛STYLE》的主题讨论中,同学们有如平常一样提出了各种各样的见解,一些同学认为我国第一夫人良好的形象为我国的外交打开新局面,树立了国家形象;有利于服装行业民族品牌的发展;有些同学将各国的第一夫人进行了比较,指出我国第一夫人艺术修养较高,且端庄大方。这时一位同学发问:"不得不指出彭丽媛的外在形象还是有优势的,那如果遇到第一夫人的外貌不好看的时候,怎么办?"这位同学的发问令整个教室顿时安静下来,大家都感觉到这是一个现实而有价值的问题。第一夫人出访期间,各种媒体的评价有很多,但是只有在思维广场讨论室内才将问题的思考从政治经济外交层面,提升到人的价值上。

思维广场催生的学与教的变革促进了教育的个性化,也对学生和教师提出了更高的要求。我们对于谈论主题的微格分析将持续进行,对于教育个性化的效果也将不断地反思总结,使思维广场讨论主题式的教学设计能在动态中趋近于科学主义范式,更适合学生个性学习发展。

资优学生培养工作的思考

随着教育改革的全面推进,在关注全体学生全面发展的同时,对一部分有特长、有特殊创造能力的资优学生的培养,已经成为教育中一个不可缺少的组成部分了。

资优学生是学生中客观存在的群体,他们在学习学科方面有着较大的优势,在某些方面(如语言、数学逻辑、空间、音乐、运动、人际关系等)有着特殊的才能。资优学生的培养就是使这部分有特殊才能的学生,个性特长得以充分的发挥,潜能充分的挖掘,发挥出他们的主观能动性,使之成为未来社会的高层次人才。

从国际教育的发展看,资优教育的研究和对资优学生的培养,也始终是世界各国教育研究的重点问题之一。科技的竞争、经济的竞争,从本质上看,最终都将是人才的竞争。从基础教育开始,培养未来社会的精英,已经是世界各国战略发展中的共识。

多年来,美国、西欧、日本、台湾等国家地区在这方面已经进行了有效的探索。以英国剑桥大学为例,他们早就开始对50年来的剑桥毕业生进行了长期的跟踪,以期观察资优培养的效果。再以台湾地区为例,资优学生的培养,从70年代起就开始了试点,不仅在理论上进行了较为深入的研讨,而且在十几所学校开始了培养工作。我国大陆地区从 80 年代起也开始了资优学生的培养研究,不论是中科大的少年班、或是上海中学、华师大二附中的全国理科班和上海理科班、或是人大附中的全国班等,都对资优学生的培养进行了有益的试验,并取得了成功的经验。而随着国家人才战略的实施,资优教育的研究发展,也更为基础教育关注。

资优教育也往往被称之为"英才"教育。作为人才培养的一个有机部分,它是学校教育内容的一个必须的层面,属于"因人施教"和"因材施教"的范畴。在基础教育中,关注全体学生发展的同时,开展资优教育的研究,将有助于我们更好的理解和落实人才培养的理论,加深对教育改革的理解,促进课程、教材、教法、评价等教育要素的多元化与多样化,提升学校教育的层次与办学质量。

重点中学中资优学生的比例是较大的。仅以我们市西中学为例,2000 年、2001 年、2003 年,我校连续涌现了上海市高考理科状元和文科状元;在这之后严琦琦、胡健卫同学连续获得全国青少年创新大赛的最高奖;金泠彦同学,经过选拔脱颖而出,作为中国大陆的代表不仅出席了亚太世界儿童和青年论坛,而且作为秘书长的特使,走上了联合国的论坛;赵自珍同学作为中国大陆"香港基金会剑桥大学入学推荐"学生,成功通过了在中国大陆香港的考试及剑桥大学的面试,成为大陆唯一名额的获得者;薛文聪同学则通过了层层选拔,成为中国大陆的代表,入选了雅典国际奥运青年营,参加了当年的雅典奥运会;郭家成同学,则在进入高校以后,四年参加了五次世界纳米的顶级会议。对于这些资优学生培养的做法和经验,值得我们认真总结。

一、对资优学生的认识

开展资优学生的教育培养工作,需要对资优的概念有较为正确的认识和理解。

首先,资优学生首先应该具有高智商,在数、理、化、生等学科的学习中有着明显的优势或优异的表现。当然,高智商的学生并不一定是资优学生,高智商仅仅是资优学生的必然条件。

其次,从多元智力的理论出发,某些特殊才能的学生也可以归类于资优学生。资优学生具备了语言智力、数学逻辑智力、空间智力、音乐智力、身体运动智力、人际关系智力和自我认识能力中的某一种或某几种。

另外根据大量的国内外资料,从创造性角度来考察,资优和创造力之间相关度是不高的,以托兰斯(Torrance)研究结果为例,创造力与智力的相关系数只维持在0.30以下,高智力与高创造力之间的相关系数则更低。

因此,从资优学生培养的角度看,资优学生在具有良好的数理逻辑和空间逻辑推理能力的同时,应该着重发展学生的创造性能力、思维能力、开拓精神,使学生的个性特长得以最大限度地发展。

二、资优学生的遴选工作

资优学生的培养工作,首要的环节就是资优学生的遴选问题。遴选意味着发现与确认,这是培养方案和个性化教育的基础。资优学生确认的标准主要是依据多元智能的理论,要求学生在学业上有较为明显的优势,或者在其他方面,如语言方面、逻辑推理方面、表演方面、组织方面、体育方面、音乐方面有较为明显的特长。

因此资优学生的确定,可以设计这样几个阶段。

1. 发现初定阶段:它主要通过两条途径实现。第一是通过对学生档案的了解,特别注意了在市区三好学生、艺术体育特长学生、学生干部中(原初中学校)发现资优学生对象。第二是对学生的学习生活(特别是刚进入高中时的学习生活)的特殊情况发现筛选。如金泠彦同学、金咤同学、郭家成同学就是一例。

金泠彦同学毕业于市西初中,初中学习阶段中她一直担任所在班级的学习委员,6次在各种全市初中竞赛中获得了奖项。特别是在理科和英语竞赛中,表现突出,是一个典型的在学业上有所成就的资优学生。

金咤同学是外区录取的学生。根据她的学生档案资料显示,她在初中毕业时就已经获得了围棋业余五段的证书,同时获得了小提琴八级证书。该同学入学不久,就在校园节日活动中显露出她的才华,并很快成为学校围棋社的社长。

郭家成同学则是教师在开学后不久发现的典型,作为一个新生,下课时他经常会对课上(特别是化学课上)教材和老师介绍的方法(主要是实验方法)不已为然,甚至和教师争论,在班级进行"煽动性"演讲,表现出了很强的质疑能力和组织能力,使他较早地进入了资优学生对象的学校视线之内。

2. 了解核实阶段:根据学生档案和学生的学习情况,较早地发现资优学生对象后,还应该对这些学生的家庭进行熟悉和了解,并对这些学生在高一军训期间的表现以及某些学生评语中出现的特别评价予以特别关注。

3. 最终确定阶段:高一学习生活开始以后,对确认的资优学生对象进行了一个半月的跟踪观察,内容主要包括:学习态度、方法、能力、交往能力、组织能力等等。摸底测验和期中考试以后,收集资优学生对象课任教师的意见,以及部分学生的反映。对能够最终确定为资优学生对象的学生,进行了心理测试,对个别不符合要求的学生再次进行了调整,最终确定了资优学生的培养对象。

4. 检测确认阶段:组织资优学生培养对象参加学校心理室组织的 PF16 人格测试。

三、制定有针对性的自由学生培养方案

资优教育是一个系统工程,不仅牵涉到理念、认识,对资优教育的理解,还牵涉到学校课程的设计,教学、评价等操作层面多方面因素。因此在自由学生遴选工作结束后,应该有针对性地制定资优学生的培养方案。而其中,最重要的应该是三个方面的内容。

第一,首先应该关注课程的设计。要使课程的计划、特别是基础型课程的计划,适配资优学生的学习需要,在进度和相关深度、广度上,满足自由学生发展的需求。在课程计划设计中,还应该特别注意开设创造类课程,包括创造性思维、创新能力、创造性方法等课程。

课程设计中,对资优学生的心理类课程也是不可缺少的。加强心理教育是提高资优学生的自控能力和自我调节能力的重要途径。发展自我认知能力,根据自我个性在特长方面发展,这是资优学生自我提高的重要指向,而健康的心理、合群性、自控性、挑战性等要素则是资优学生可持续发展的重要保证。

第二,要关注教师的课堂教学策略和资优学生学习方法的指导。教学策略的研究,可以为资优学生提供良好的学习氛围、以及个性化学习环境。学习方法指导,则通过学生不断的实践、总结,形成资优学生自觉的学习模式。从部分国内外资料看,学生发展水平的提升中,自学能力、学习效率的高低,是对认知水平进步有重大制约性的关系。

第三,要在对资优学生的管理机制上,与时俱进不断创新。这包括考勤制度、听课制度、作业制度、评价机制等等。只要是资优学生学习生活中确实有效的、同时也能够

为学校所接受的一些行为，就应该持以宽容的态度。当然，对于个别资优学生的违规行为，也应该严肃指出教育。

管理机制上的另一个关注点，就是要为资优学生的发展搭建各种必要的展示平台。这些平台可以是学习类的平台（包括竞赛类），可以是创造活动的平台，可以是彰显学生领导力的平台，也可以是社会实践活动的平台。各种展示平台不仅能使资优学生的优势得以彰显，给学生在发展过程中强烈的心理自信，也可以达到在不同场合、不同环境下对资优学生的不同方式磨炼培养的需求。

四、资优学生培养工作的主要内容

（一）个性化的课程学习

课程的学习，是学生学校学习的主要内容。按照适合于大部分学生的课程计划学习，对于资优学生来说，吃不饱是一个常态。资优学生的智力因素比较高，接受能力与理解能力都比较强，常规进度的安排对于他们往往是不合适的。所以国际资优教育中，学生超前学习（超速学习），先修大学课程学习，就成为了众多资优培养所选择的模式。当然，这样的学习仍然需要注重学法，加强基础知识的掌握，培养学习过程中的发现能力和解决问题的应用能力。加速学习和先修学习是需要老师指导的。不仅需要有学习的计划和内容，也需要经常接受教师的检查。

如上海理科状元朱凡同学是一个在理科学习上有相当特长的学生。在对他的培养方案中，我们就明确要求他在高二的第一学期前完成高中物理课的学习内容，从高二的第二学期开始学习大学物理的有关内容。在朱凡同学的努力和老师们的帮助下，他实现了这一培养目标，不仅使他在高中物理竞赛中获得了优异成绩，而且以高考物理149分和总分582分的高分为清华大学所录取。

再例如：文科状元许望伟从高一下学期开始就显露出良好的文科才华，我们为他制定了"文理兼通、全面发展、综合提高"的培养方案，尽管高二以后他的理科学习较少，但该生的理化成绩仍然稳定在年级的前几名，这为他后来文科学习逻辑性的培养以及综合课程的学习打下了良好的基础。

被牛津大学录取的赵自珍同学，在接受面试后，面试考官对她提出了要求。希望她能在三个月内，能够将雅思成绩从6.0提高到6.5。在这之后的三个月中，赵自珍同学在老师的指导下,制定了自己的学习计划,以自己的学习方式开始了冲刺。从阅读到理解,从词汇量的进一步拓展,到英语的长篇幅写作,成功完成了这样一个几乎不可能完成的任务。不仅使自己的录取获得了致胜的砝码,也获得了面试考官的高度赞誉。

这些案例都说明了这些资优学生,确实有着与其他同学不一样的学习能力。资优培养的工作,对于这些学生,应该设计有别于常规教学不同的进度和方案。

(二) 创造性思维和创造能力的培养

对于资优学生的培养,最重要的是开发学生的创造性思维,加强资优学生创造能力方面的教育和培养,鼓励资优学生创新求异、发挥潜能,成为有创造精神的优秀者。

借助创造教育的理论,对创造教育的基本环节可以归纳为五个方面的内容,那就是创造环境、创造载体、创造动机、创造行为、创造人格。而这些,根据国际资优教育的资料,又可以概括为十个方面的内容。

* 提供民主教育气氛
* 乐于听取学生不同意见,暂缓批评
* 提供开放型问题
* 鼓励允许学生在兴趣下从事学习工作
* 不排斥学生失败或犯错误
* 改进作业及评价方法
* 注重实践,加强与家长密切配合
* 教师不断充实自己,提高教学质量
* 鼓励学生创新求异,发挥潜能
* 注重创造的引导

这十项内容,既包括了教学环境和教学策略,也包括了师生关系与教学评价。应该成为培养工作中很重要的指南。因此除了在资优学生培养的课程上,如进度、深度、广度的特殊要求外,还应注意指导资优学生积极参加各类拓展型课程和学生社团活动。在研究型课程中,注重开展能发挥他们特长的课题研究。

在专设课程方面,可以开设思维课程、创造学课程;在拓展型课程方面,可以开设激发创造兴趣的机器人课程、能源课程、汽车课程、程序设计类课程;在艺术类课程方面,可以开设音乐创作、3DMAX美术设计等课程。而在学生社团活动方面,可以动员和鼓励这些学生参加 OM 队、棋社、管乐队、心理社团等等。

例如,郭家成同学不仅参加学校的头脑奥林匹克活动,还被推荐参加了创造学会,他的"OMER 旅行记"的创意设计,在全国 OM 比赛中获得了一等奖,并获得了柏林国际比赛高中组第二名。他的智慧和潜能在这块充满创造活力的热土上迅速焕发出来。

薛文聪同学是一个文静的女孩子,经过层层选拔最后进入了国际奥林匹克青年营的总决赛,在北京的舞台上,她英姿勃发,一身素装,以刚健流畅的跆拳道表演征服了评委,也征服了观众。这就是她在学校跆拳道社团中习得的招招式式。

在研究型课程方面,对于资优学生对象的研究课题,必须通过学生自己的实践完成,必须反映出学生自己的创意,必须通过学生自己的研究体验科学发现的过程。同时应该为他们安排专门的指导教师,提供必要的设备,支持资优学生的研究工作。

几年来赵自珍同学的课题《TI 技术测量与伏安法测量的比较》、郭家成同学的课题《具有人工智能的自动倒车研究》、王寅同学的课题《大型绿地与小型分散绿地的环保指示比较》、金咤同学的课题《光污染现象的调研和治理对策》、许望伟同学的课题《自来水含氯测定及对人体影响的研究》等等都取得了圆满的成功,并先后在上海市青少年科技论文评奖中以及上海市青少年创新大赛中获得了高等第奖。

(三)加强资优学生培养中的心理教育

加强心理教育、提高学生的自控能力和自我调节能力是资优教育的重要内容。

根据对中学物理全国尖子学生的情况调查,资优学生,特别是发展较好的资优学生中,健康的心理、合群性、自控性、挑战性等要素都是比较好的。而那些仅仅是高智商,或在某方面有才能的学生,如果心理发展水平有缺陷、情商不够理想,其或者只能是短期内拔尖,或者只能是在中低水平上表现出优秀,缺乏可持续发展能力。因此,对资优学生教育中必须加强这方面的教育。对资优学生心理教育的主要内容包括:意志自控、情感自控和认知自控三个方面。

意志自控方面,主要是面对挑战,面对任务特别是有相当难度的任务时的决心,以及面对困难和失败时的意志品质。

例如,金咤同学在进行《大型绿地》课题研究时,就碰到了这种情况。

按照绿地的性质,绿地特别是大型绿地,对于噪音一定有抑制和减弱的功能。但是他们在对某一大型绿地进行测量分析时,却发现在绿地的某处出现了反常现象。为此,她们进行了多重假设,并进一步通过实验排除。但是连续五次的实验均未能达到理想的结果。这对他们是一个沉重的打击。从学校到实验地,往返需要一个半小时,每次的测量,需要四个小时,回到实验室还要进行数据分析,图像描绘等工作。连续五次的失败使得学生们身心疲惫,金吒同学更是气急拍案,甚至撕碎了数据记录草稿(数据已录入电脑),提议放弃这一指标。这种情况下,指导老师对她进行了严肃的批评,特别指出了在失败面前所暴露出来的脆弱心理。同时循循善诱地指导她对实验环境、测试方法、使用仪器、二次回波等进行了再次、全方位的分析,终于使这一试验取得了完满的结果。金吒同学在总结这一研究时,不无感触地说道,课题研究的成功,不仅仅是科学方法的学习,更是对自己意志品质的锤炼,对自己人格塑造的培养。

情感自控,则是培养学生在各种环境下能够冷静、理性,用思维的智慧面对各种问题,表现出良好的人格修养。

郭家成同学是学校头脑奥林匹克队的队长。在参加全国比赛的前夕,他率领队员们进行道具制作、服饰设计、表演练习,确实非常的繁忙。然而有一天,他在没有经过老师同意报请学校的情况下,私自安排队员们住宿在了学校会议室、休息室和教室中。为此,在学校造成了很大的反响。当老师请郭家成同学到办公室就这个问题进行沟通时,谁也没有想到,郭家成同学竟然发飙了。他气愤地质问,我这样安排是为了自己吗?为了比赛训练临时的破格处理又有什么错呢?郭家成同学的反应使老师意识到,比赛带给郭家成的压力太大了,正是这种压力,才是他对于为了比赛的安排无暇多顾,完全忽略了应有的学校规范。

从这个角度出发,老师首先与郭家成同学探讨了头脑奥林匹克比赛的意义,分析了比赛成功应该具有的那些条件,特别是参赛队员的心理条件。再从训练比赛的计划、步骤、组织、安排,与郭家成同学进行了逐一的探讨,使他的心理焦虑得到了放松。在这个基础上,老师再与郭家成同学一起对他的自我安排以及有可能引起的不良因素进行了分析,使郭家成同学真正明白了他这种自我安排的不妥之处。

加强心理教育,是资优学生培养中必须坚持的做法。要关注对他们的个别指导,要了解学生的想法,倾听学生的心声,特别是当资优学生出现情绪变化时,或资优学生出现缺点受到批评时,或资优学生对象在考试、测验中出现成绩反复时,心理辅导工作的力度更应该及时增强,有时还应考虑对资优学生家庭的访问,化解家庭的压力对学生的影响。

对资优学生来说,发展自我认知能力,根据自我个性在特长方面发展,是学生自我提高的重要内容。在资优教育中,我们应当鼓励学生自我学习、自我认知、自我探究,培养良好的自学习惯和自学能力,成为在学业上能够自主选择、思维活泼、具有开拓精神的探索者和研究者。同时,加强对资优学生"合作学习"引导,发展资优学生的情商,尊重他人、平等待人,也是认知自控的重要内容。

(四) 鼓励机制与展示平台

自由学生在学习中往往有其自己的特点。他们自我控制能力较强、自主学习能力较强,学习方式也有着对于他们自己优势的方式。因此资优学生的管理,也应该有一定的特殊性。对他们的出勤情况、作业情况、考试情况制定特别的办法。

事实上郭家成同学为调整身体情况,事先请假后在家中学习的申请,得到了批准;金泠彦、朱凡、赵自珍等同学的某些学科的免试申请,得到了批准;王寅、许望伟等同学的某些学科作业的免交申请,也得到了批准。

为资优学生提供展示的舞台,让他们承担更多的责任,也是资优学生培养工作中应该加强的内容。在资优学生参加各类社会实践课程中,让他们担负起管理职责,提高他们的责任意识,增加他们与社会交流、与国际交流的经验,就是一例。在高中三年,郭家成、金咤、金泠彦、薛文聪四位同学先后参加了出访德国、日本和澳大利亚的活动,金泠彦、王寅、许望伟、朱凡、赵自珍等同学还先后参加了学校组织的对延安等老根据地考察的活动。

在学校的校园节日中,有意识地安排资优学生对象担任主持或表演工作,为他们创造展示自己才华的机会,培养他们的组织能力和临场应变能力,也是典型的案例。几年来,郭家成、金泠彦等同学都先后主持过学校的升旗仪式、科技节、艺术节、体育节活动,并且也都成为班级或年级辩论赛、演讲比赛、才艺比赛的主力队员。

课堂学习中,教学方法融洽平等的教学气氛,则为资优学生对象创造了良好的学习环境。资优学生则有意识地被担任班级的"学习沙龙"的组织者或辅导员。例如:朱凡同学在高中三年中,就有2/3的时间成为班级的学习辅导员。每当下课或课外活动时间,他都自发地组织同学一起研讨物理教学中的难点,解析各种竞赛难题的方法。郭家成同学进入高三以后,也成为了班级化学学习的"助教",有许多时候他都把自己对题目的理解和各种解题方法抄写在黑板上，和大家一起进行讨论。除此而外，金泠彦同学、许望伟同学、赵自珍同学也都在这些方面有着突出的表现，使资优学生始终保持学习过程中的旺盛的求知欲。

（五）优化学习方法提高学习效率

从部分国内外资料看，学生发展水平的提升中，自学能力、学习效率的高低，是对认知水平进步有重大制约性的关系。资优教育中应该有目的地帮助学生优化自己的学习方法，提高学生的学习效率。

从具体环节上看，这应该从学生学习习惯的养成开始，学校则应加强教法研究和学法的指导。通过学生不断的实践、总结，演化为学生学习中自觉的学习模式，使学生学习的效率不断提高。

课堂教学中，要注重对资优学生对象的个别指导和个别要求，注重对资优学生学习方法上的指导，而在评价制度方面，则实施了更加弹性的方法，如考勤制度、考试制度、免考制度等等。

在评价系统方面，也应该加强研究、改进评价的方式。特别在考试方面，应有目的的减少记忆性试题，偏重应用、分析、综合等高层次试题。

除此而外，还应该注重教学配套方案的完善，充分利用如阅览室、图书馆、常规实验室、创新实验室等的功能，培养学生个性特长，发展学生的多元智力，为学生的自主活动提供有效载体。

资优教育中还要建立跟踪研究制度，对资优学生对象建立资优档案，要记录资优学生对象在学校学习上的情况，如学习情绪、方法、成绩、同学评价、教师评价以及资优对象的自评，记录资优学生对象在校的特殊表现和行为，如获奖、接受表扬、旷课、闯祸等，记录资优学生对象在校外活动的情况，如参加见习居委主任活动、南京考察、延安考察和环卫工人扫大街、学农劳动等情况，还要记录资优对象在家庭生活中的情况，以及资优学生对象住所附近部分邻居、居委干部对他们的评价。定期进行个案搜集，交流进行跟踪调查分析研究，对突发事件和有典型意义的事件，进行重点剖析。

（六）几个问题的再思考

1. 对资优学生的界定还需要进一步认识

资优学生是整体人群中的一部分，对他们的解释应该是资质优良或者是资质优秀,这与部分学生的特长还不应该完全等同。尽管在多元智能的理论中,提出了某些特长学生属于多元智能培养人群的一部分,但对于这一部分学生的定位还值得我们深刻思考。随着上海国际化大都市的建设,越来越多的学生很早就接触到了艺术和体育,他们有些是受到环境影响,有些是受到家长的要求而进行学习的,而这些项目的演练和操作,他们获得了较高的级别。可以这样说,一部分原因是他们熟练的"机械式"操作取得的,另一部分则可能是由于某种兴趣爱好才获得的。对这两部分人是否能划分在资优学生的等同范围内,也应该引起我们的思考。

2. 对资优学生的确认还需进一步提供科学化依据

对资优学生的确认,是资优学生培养的前提条件,也是我们课题组在研究过程中,最感觉到有难度的操作问题。我们对目前资优学生的确定,基本上是通过教师的经验观察,以及智商指标和人格指标的测定,在我们的个体资优学生的对象中,高智商的呈现,具有很大的普遍性。从理论上讲资优学生应该是高智商者,但高智商者并不一定能够成为资优学生。从课题研究的实践看,我们的 10 位资优学生对象,大部分的成长是令人满意的,但也出现了高考落榜者。尽管这不排除考试过程中的偶然因素,但至少可以说明,对资优学生的确认,还需要进一步的科学化描述。

3. 资优学生的培养应有更为全面的跟踪机制

对资优学生的培养,高中教育仅仅只能是其中的一段,教育效果的显现需要更长的周期进行观察,我们现在对资优学生的评价,特别是在高中教育结束时,也只能根据学生的高考成绩或特殊成绩来判断,缺乏更加长远的跟踪和记录,我们建议课题组在这一方面采取措施,能够对资优学生对象进行更为持久长期的观察,以检验中学阶段资优教育的成效。

4. 学校资优工作的推进还需进一步落实

由于现在的高中教育仍然是以班级授课制为基础的,且班级学生人数都是大班标准,这给学校的资优教育带来了一些困难。根据国外和台湾对资优学生培养的经验,我们应力争进行小班化教育,加强对资优学生对象的个别教育和个别指导。

资优教育是学校分层教育的一个组成内容,对于社会、对于学生和学校的发展都有着重要的意义,特别是在人才强国的今天,将直接关系到科技强国、民族复兴的大略,我们应该以更加务实的态度,教育科学的严谨,加强这一方面工作的研究和探索,使资优教育成为更多人才培养的途径。

案例

开展个性化教学的教学设计

这是思维广场教学中,针对不同类型的学生,开展个性化教学而设计的不同的教学策略。

1. 学生个性:学科知识丰富,善于选择、组织讨论,希望成为群体焦点型。

教师策略:采用学生确立主题并组织全过程的讨论专场。

这类学生的学习兴趣体验是现场型的,他们会提前思考课程,并设计课程的走向,他们更抵触传统教学模式下由教师设定教学的走向。高一(8)班的X同学就是典型代表。该生在平时的传统授课模式下就喜欢不停地上课提问,非常有想法,有时的独立见解很让教师震撼。所以对于这种类型的学生,教师采取的个性化策略就是在思维广场的教学中采用学生确立主题并组织全过程的讨论(五场讨论中的一场),学生几乎完全承担了教师的角色,从提前一周准备讨论主题到准备讨论材料再到思维广场中完成十五分钟的主持讨论,整个工作量是很大的,但X同学乐于其中,并且已经多次主持了历史、政治学科的讨论场次,他自己认为他的学习体验是美好的,学习兴趣被充分激发。尤其值得注意的是,由学生自主确立的讨论主题往往更受到学生的欢迎。

2. 学生个性:学科知识丰富,善于参与讨论并希望成为某个团队领袖型。

教师策略:采用以班级为单位的团队辩论型讨论主题。

这类学生的学习兴趣体验也是现场型的,他们会提前准备并参与到主题讨论中并体验其才华的发挥,与1类学生的不同在于他们不希望自己确立主题更希望是出色的完成教师选择的主题,但他们的团队协作能力更强,体验团队领袖的要求更强烈。高一(1)班的C同学就是典型代表。该生是学生会的积极分子,平时就善于参加学校班级的各类组织活动并在其中起到团队领袖的作用,所以这个学生在思维广场的大群体教学模式下也希望体验率领一个团队完成教师学习任务的体验。所以对于这类学生,教师采取的个性化策略就是在思维广场的教学中采用以班级为单位的团队辩论型讨论主题,从一般传统的双方辩论到更具挑战的多方辩论主题,例如儒、道、法三家模拟百家争鸣场景的主题讨论。在这种个性化教学策略中,C同学此类学生如鱼得水,充分准备,将智能发挥到淋漓极致,他们的学习激情与体验要求都得到完美实现。

3. 学生个性:学科知识丰富,但不希望成为群体焦点或团队领袖,希望对权威采取反对、悖论式诘问。

教师策略:专门设计诘问式讨论专场。

这类学生的学习兴趣体验也是现场型的,占学生中的比例比1、2类要高很多。不同于1、2类学生的是他们不希望提前准备,也不喜欢自己成为焦点或团队领袖,但自己即兴的独立见解会毫不犹豫的成为讨论时的碰撞火花,不遵从于权威的理论,这也是一种非常优秀的学习品质。高一(4)班的A同学、高一(8)班的T同学等是典型代表。教师对于这类群体更为庞大的学生采取个性化策略是专门设计了诘问式讨论专场,将1类学生的需求和3类学生的需求整合,主持者与诘问者在讨论专场中会激发出更为灿烂的思维火花。由于是设定为诘问专场,所以来参与讨论的学生都是3类学生,他们的学习激情与体验要求得到充分实现。

4. 学生个性:学科知识一般,希望聆听式参与,善于课后整体反思型。

教师策略:设定学习任务为讨论记录、候场大厅涂鸦、课后反思整理讨论稿。

这类学生的学习兴趣体验不是现场型的,占学生中的比例最大。他们在思维广场中显性表现为聆听式参与,但实质上隐性的思维量仍然很大,并不比1、2、3类学生少,只是他们学习体验要求是不希望有较大的群体压迫力,但他们内心的思维悸动与学习激情是一样的。针对这类学生教师采取的个性化教学策略是设定讨论现场记录、候场大厅涂鸦、课后反思整理讨论稿。非现场型体验的学生在这些方面的学习兴趣及体验要求是很高的,他们的智慧化作了文字而凝固。

这样有针对性的教学策略,不论对于学生的经历体验或感悟,都会起到令学生终身难忘的作用。从学习论的角度分析,学习过程,包括了情感、态度、价值观的体验和感悟(如成功、失败、挫折、目的、学以致用等),也包括了各种行为的体验与感悟(如观察、实验、猜想、验证、推理、交流等)。情感体验的积累,就形成了某种意识,而学习行为的积累,则形成了某种能力。教学中设计各种可能丰富学生学习的经历,让学生在经历中积累、体验、感悟,支撑起建构方法的迁移的任务。

10 促进教师专业化发展的教学

教学也同样需要严谨与创造。而创造的前提，是需要我们在教学中进行深度的思考与研究。

在教师专业化发展过程中，一直有一个口号在激励着教师，这就是"从教书匠走向研究型教师"。而在"工匠精神"提出后，部分教师对于"从教书匠走向研究型教师"的提法提出了质疑。难道"教书匠"不是体现了"工匠精神"吗？为什么"工匠"一定要走向研究型教师呢？

对此，笔者的态度是明确的。

什么是"工匠精神"？"工匠精神"是一种执着，是一种专注，是一种坚持，是锲而不舍的追求。"工匠精神"要求我们在平凡的岗位上脚踏实地，兢兢业业地做好自己的工作，用自己的行为、自己的努力、自己的创造，为党和国家的事业贡献自己的力量。但是在平凡的岗位上工作，不仅需要有踏实的精神，也同样需要有开创性的突破，要真正做到这一点，就需要我们思考、需要我们研究。

近些年来，教育的发展和改革的力度越来越大。仅以教学组织形式为例，班级授课制、大小课制度、走班制、预约制、免修制等，就是不断被各级各类学校正在实验的内容。而从教学手段看，投影、MOOC、以传感器为标志的DIS技术、移动学习等,也是随着信息技术发展而不断创新的。教育改革的实验需要我们积极地参与,也需要我们在实践中不断解决新的问题。这就给我们一线老师的教学提出了许多新的课题。只有在实践中不断的思考,只有在思考的前提下不断实践,才能适应教育教学的这种变化,才能在教育发展过程中,不断提高教师自身的专业化发展水平。

学习、思考、实践,这就是"工匠精神"与研究型教师的有机融合。

笔者是长期工作在教学第一线的教师,在上海市课程教材改革的过程中,对物理教学中的一些问题都曾进行过思考分析,这里,我愿意将这些思考和分析分享给其他的同行,也希望我的这些思考与分析,能给更多的一线教师以启迪。

DIS 实验与中学传统物理实验

DIS实验(Digital Information System)是上海市二期课程教材改革中物理新教材引入的新型实验。它的核心,是采用了先进的数据采集技术,运用各类传感器通过时时采集方式获取实验中的数据。同时利用计算机的处理,或者用数据表格形式,或者用图像描绘(变换)形式,将采集的数据表现出来,进行实验分析并最终获得实验的结论。DIS实验的引入,使中学物理实验手段和能力有了明显地提升,也使部分实验的设计思想有了新的变化,可以说是中学物理实验技术的重大发展。

一、DIS 实验坚持了中学传统物理实验中的优势

传统的中学物理实验,是指未经过信息技术整合的,主要依靠尺(直尺、三角尺等)、表(秒表、电压表等)、带(纸带)、计(水银压强计、弹簧测力器等)等来进行操作测量的物理实验,也是现行中学课本上介绍的主流实验系列。

传统中学物理实验,是经过几代乃至更多的中学物理教师和教学研究人员在多年的教学、研究过程中,精心设计提炼和发展起来的。它最大的特点是科学、清晰、简便。其原理架构一目了然,方法设计巧妙合理,器材简单操作容易,实验过程和结论具有很强的说服力和可信度。例如斜面滑板的小车系列实验、验证气体定律的系

列实验,测量电池电动势和内电阻的实验等等,只要师生们认真操作过,都会留下深刻的印象。

DIS实验的引进,主要是更新了原有的传统实验中的测量技术。特别是采用传感器以后,实现了数据时时采集功能,使这一环节的实验操作更为简便。因此不论是从原理上看还是从实验的装置看,绝大部分DIS实验都保留和坚持了传统物理实验的优势。如果说DIS技术对中学物理实验有什么影响,那就是DIS系统为传统实验增加了现代信息社会科技发展的色彩。

我们可以考察几个最典型的中学物理实验:

《利用DIS实验研究匀变速直线运动的规律》。这个实验中基本的仪器如平板、小车、砝码等的设计都无任何变化,仅仅是采用了运动传感器替代打点计时器。笨重的学生电源省去了,可能引起摩擦的纸带废弃了,逐点进行测量再进行比对计算和验证的程序被简化了。传感器采集的数据不仅储存了下来,可以随时调用观察,还可以通过计算机自动描绘出 $s-t$ 图像,并进而转换成 $v-t$ 图像确定其加速度 a 的大小。这个实验的原理没有任何变更,操作也基本相同,匀变速直线运动的数形结合的要求得以保留,充分体现了DIS系统忠实于传统实验,服务于传统实验的显著特征。

《测量电池电动势和内电阻》的实验,也是极为典型的例子。实验的原理、电路的内容,以及数据的绘图过程,都没有任何变化。DIS系统的引入仅仅是用电压传感器和电流传感器替代了电压表和电流表,仅仅是将学生读数过程转换成了DIS系统的记录过程。既突显了实验的要求也更加简化了实验的操作。

再来看一下《验证牛顿第三定律》的DIS实验吧。传统实验中,这一验证过程是通过两个弹簧秤对拉(图一)时的读数,来说明作用力大小等于反作用力的大小。DIS实验中,则采用了两个力传感器对拉(图二),通过传感器数据以及转换成的图像(图三)的比较,更为形象地说明牛顿第三定律。正是继承了传统中学物理实验的设计思想和方法,坚持了传统实验中简明、简便、直观、可信的优势,DIS技术与这一传统实验的整合就显得非常流畅和自然。

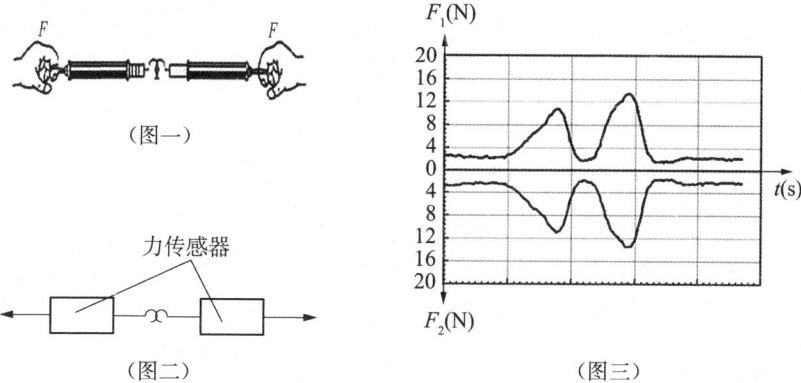

(图一)

(图二)

(图三)

正是因为 DIS 系统在应用到中学物理实验时,坚持了中学传统实验的优势,继承发扬了传统实验中的精华,才使得 DIS 技术能在较短时间内为中学物理教学和广大中学物理教师所接受,才能迅速融入到中学物理实验教学中并得以不断地发展,成为具有特色的 DIS 中学物理实验。

二、DIS 实验弥补了部分传统中学物理实验中的不足

传统中学物理实验中,鉴于中学生认知水平的状况和部分实验器材的局限,有些设计存在着一定系统误差,另一些则很难予以实现。教学中对于这部分内容的教学,就只能以教师的"灌输"替代学生的体验过程,以教师的"叙述"或"理论推导"替代实验的操作过程,使学生的对物理现象的观察和发现,变成被动地接受和记忆。

例如:斜角为 θ 的光滑斜面上,用挡板挡住了一个质量为 m 的小球。对小球给挡板和斜面压力大小的验证就是一个例子。

从理论上讲,按正交分解的方法可以得出这两个力大小分别为 $mg\sin\theta$ 和 $mg\cos\theta$。但是对于刚刚开始学习"力的分解"的高一学生来说,如果仅仅只是通过教师的叙述,他们是没有感性认识的。能够通过实验真实地测得这两个数据,验证理论推导的结果,感受将是多么深刻啊。

然而在传统实验中,这一验证的过程就很难实现。究其原因,最主要的就是因为力的测量工具——弹簧秤只能测量拉力,对于压力的测量要么就是更换实验装置,要么

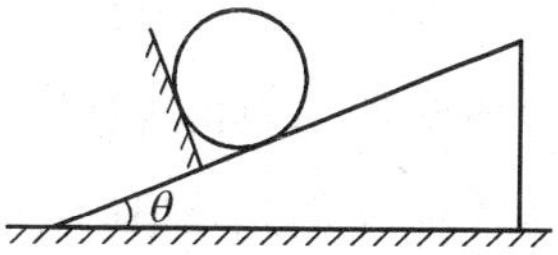

(图四)

就只能间接替代。所以对于这个结论学生就只能机械地记忆,再慢慢地熟悉。

引进DIS实验后,只要在挡板一侧和斜面上放置力的传感器,就可以通过传感器直观读出物体对挡板和斜面的压力的大小。同时调节斜面的斜角,还可以读出多组不同角度下的分解结果,使正交分解的结论具有充分的可信度。

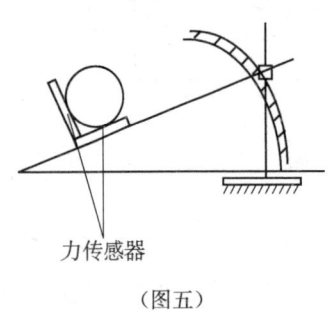

（图五）

螺线管内部磁场的描述,则是另一个例子。

长直螺线管磁感应强度的分布,是学生在初中就开始接触并在高中广泛应用的概念。由于缺乏磁场测量的手段,学生始终只能接受教师的叙述:螺线管内部的磁场可以看成匀强磁场。而对这一结论的感性认识几乎完全没有。

DIS实验引入后,利用磁感应强度传感器,就可以对螺线管内部磁感应强度进行逐点探测(图六),进而描绘出螺线管内部的磁场分布如图七。在磁感应强度描绘中,除$0\sim x_1$段和$x > x_2$段属于边缘效应外,在$x_1\sim x_2$范围内磁感应强度的分布与匀强磁场的叙述是十分吻合的。

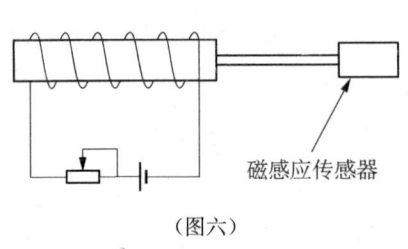

（图六）

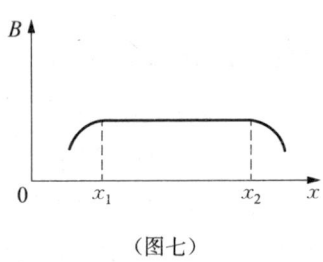

（图七）

另一个例子就是对于运动电梯的加速度的测定。

传统实验操作时,可以在电梯中放置一个台秤,将一个已知质量的物体放在秤上。电梯由静止开始运动后,台秤旁边的观察者将台秤的示数不停地记录下来,然后通过"视重"与物体重量的差值,计算出电梯的加速度,描点绘图进行分析。

但是这样一个操作过程实际上是很难令人满意的。台秤的示数在电梯运动时不停地变化,数据的观察记录根本就无法保证准确,再加上示数的读出、记录的时间间隔也很难均匀,描述出的电梯的运动情况与真实运动情况仍然存在着极大的误差。

引进DIS实验系统后,上述操作的缺陷得到了彻底地改善。

如果采用力传感器进行实验：只需要将传感器固定在电梯中，将物体悬挂在传感器的下面，电梯运动时，DIS 系统就可以将物体受到的拉力按照均匀时间间隔准缺无误地全部记录下来，并形成数据表格。对这些表格中的数据进行统一地计算替换，就可以得到电梯运动中不同时刻的加速度。

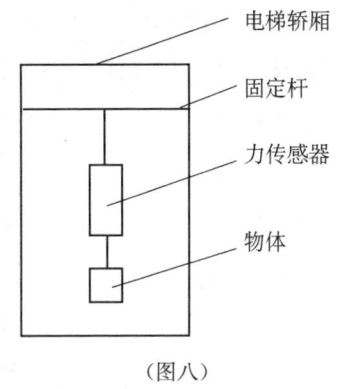

（图八）

这个实验还可以更为方便地使用加速度传感器来测量。只要将加速度传感器固定在电梯轿厢的厢壁上，传感器就把电梯运动时的加速度直接记录下来，并且还可以通过系统软件绘制出加速度—时间关系的图像。

部分传统中学物理实验的设计或实验手段的不够完善，是中学物理实验中一个客观存在的现象，特别是对一些定量计算的实验，不论是演示实验或学生实验，或多或少都会给学生学习带来部分障碍。因此努力改善实验设计，减少不必要误差因素的影响，是中学物理教师教学中一直追求的目标之一。DIS 实验从实验设计和器材等方面予以突破，有效弥补了这些传统实验的不足。

随着课改进程中校本课程建设力度的加强，和学生学科研究性学习的发展，大量生活中的问题、学生身边的问题，成为了物理学科拓展型、研究型活动的内容。而传统中学物理实验中的设备能力，目前很大程度上还不能够满足这些研究活动的需求。正是 DIS 实验系统的进入，为中学生研究性学习的实验，提供了技术手段的支持。

《日光灯光强频率的研究》是许多高中学生都做过的课题。DIS 系统和光强传感器成为了该课题研究的最为关键的内容，也正是 DIS 系统和光强传感器的实验结果，才使得许多学生了解了日光灯的发光是有一定频率的，光强的频率是 100 Hz 而不是想象中的 50 Hz，如图九。

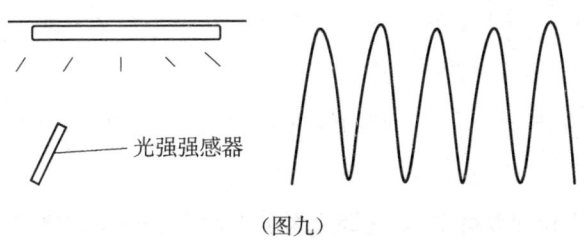

（图九）

《碰撞中冲力与时间的关系》也是学生在学习"物体的碰撞"时会提出并加以研究的问题。学生们设置了单摆,拉开了小球,在小球运动的最低点固定了力传感器,冲力与时间的关系图像就可以由DIS系统在实验时自动绘制出来,如图十。

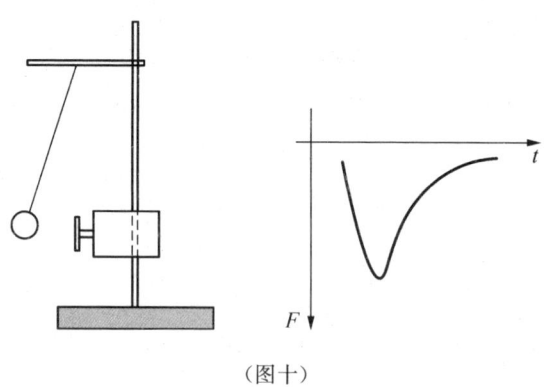

(图十)

类似这样的案例还有很多:《空气柱长度与玻璃管声波共鸣的关系》——配有声音传感器的DIS系统支持下的研究;《小灯泡发光时电阻与电流的关系》——配有电流、电压传感器的DIS系统支持下的研究;《发电机原理的研究》——配有磁感应强度、电流传感器的DIS系统支持下的研究等等。DIS系统以它特色的技术手段,正越来越多地融入到中学物理实验领域中,扩展着中学物理实验的范围和内容。

三、DIS实验创新了中学物理实验的设计思路

DIS实验由于其自身的技术特点,在坚持传统中学物理实验优势、弥补传统中学物理实验部分不足的同时,还担负起了对部分中学物理实验进行设计和再设计的任务。这种信息技术背景下的实验开发,一方面是数据获取、数据处理、技术手段的提升,另一方面,它也更新了部分原有的实验模型,突破了传统中学物理实验设计的某些模式,使中学物理实验更接近自然,更接近真实。从这个意义上讲,DIS实验的一些设计,创新了中学物理实验的设计思路。

匀速圆周运动中《向心力大小与物体质量,半径,角速度关系的实验》就是一个典型的例子。

在现行的中学物理教材中,匀速圆周运动中动力学规律的学习是首先介绍向心

力,再引入向心加速度的。同时,教材删去了向心加速度的矢量推导方法,这就使这个实验的意义越发重要。

我们可以追踪一下这个实验的历史。图十一、图十二就是曾经出现在教材中的实验(模拟)装置。

图十一的实验是将绳穿过圆珠笔杆。绳一端系一个小球,并一端拴在弹簧秤上。当在水平面平稳旋转小球时,弹簧秤上就可以显示出绳子的弹力——向心力。分别改变小球质量,转动角速度和运动半径,让学生观察弹簧秤读数,就可以了解向心力与这几个物理量之间的关系。

然而在这个实验中,小球的转动角速度和转动平面均是由操作者来控制的。首先"水平面"操控的稳定性和转速均衡性就很难保证。其次示数的读出需要在绳的绕行中完成,可视性是较差的,所以这个实验的误差一般达10%左右,经过长期教学实践的筛选,该实验终究被淘汰了。

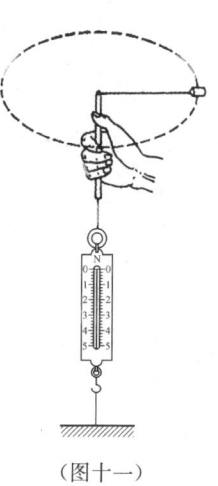
(图十一)

图十二则是近些年来教学中普遍使用的教学演示实验装置——向心力实验仪。它是通过不同小球在不同半径上以不同角速度旋转时,套筒标尺差异的比较来阐述向心力公式的。可是这一实验的可视性仍然很差,在套筒标尺差异有限时,很难提供准确的定量说明。再加上转速的测定并没有进行,因此教学的效果也同样不够理想。

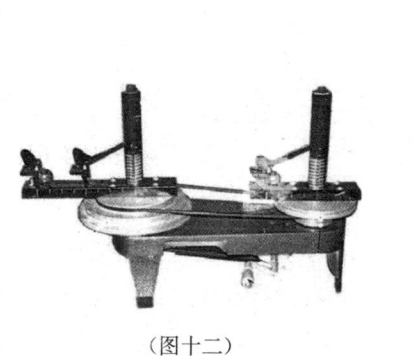
(图十二)

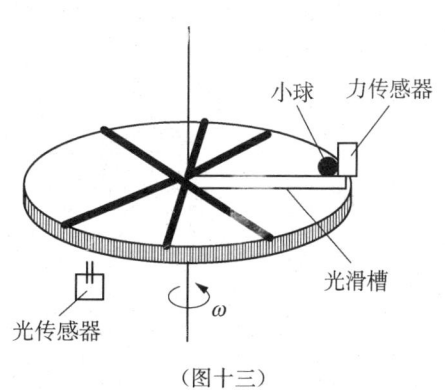
(图十三)

193

DIS实验系统引入后,这个实验得到了重新设计,如图十三。

转台上安装了光滑槽,槽内小球以力传感器为接触点,转台上均匀贴上了若干可以进行反光的窄箔片,并在台外安装了光传感器。

实验时,光传感器通过发出一接收光线(箔片反射作用)可以测定转台的转速,力传感器可以记录下向心力大小,只要沿槽调整力传感器位置,就改变了小球的运动半径,根据实验前测定的小球质量,就可以较为准确地得出 $F = m\omega^2 \cdot r$ 即向心力与物体质量,转动角速度,运动半径之间的定量关系,中学传统物理实验中的难点问题,得到了成功的突破。

这个实验,把直线运动中平均速度的测量方法成功运用到了对转动物体角速度的测量,把力学量的测量与光学仪器的使用进行了有机综合,更为突出的是不仅能适用于匀速圆周运动的模型,还能够用于非匀速圆周运动时受力的情况,克服了运动稳定性带来的影响,为传统中学物理实验设计带来了新的构思。

牛顿第二定律实验则是另一个典型的说明。

牛顿第二定律的实验是中学传统物理实验中的经典内容之一。我们常见的实验形式主要有两种。一种是采用斜面、小车、砂桶、打点计时器等仪器来实验的,如图十四。实验时要先调节斜面坡度,平衡摩擦力,在砂桶质量(m)远小于小车质量(M)的前提下,控制变量,分别改变砂桶质量和小车质量(加装砝码),再由小车运行时拖曳的纸带上的打点计时器的打点,算出并记录下质量不变时不同外力对小车产生的加速度,以及外力不变时不同质量小车的加速度。最后,通过图像分析获得实验的结论。

另一种形式则是采用双层带有刻度的平板、通过两辆小车(M)在砝码(m)带动下

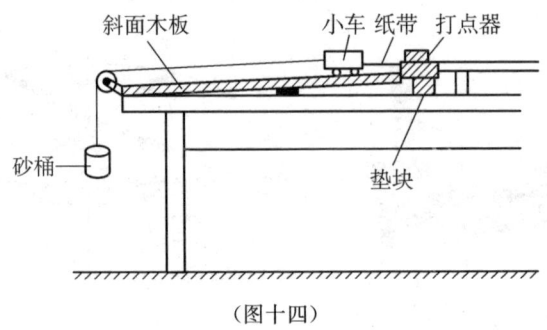

(图十四)

的运动比较来完成的,如图十五。这个实验设计中,打点计时器被省略了,取而代之的是两辆小车的后面,都系有一根被控于同一夹子中的轻绳。夹子释放开,两辆小车同时向前运动,夹子闭合住,两辆小车同时停止运动。这样,在小车质量不变而受到不同外力作用以及外力不变小车具有不同质量的情况下,根据小车相同时间内的不同位移,就可以间接获

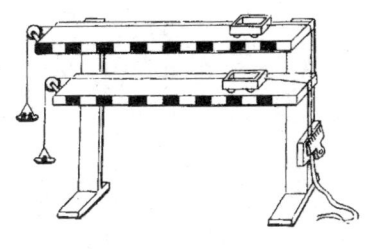

(图十五)

得小车不同的加速度。进而获得"小车质量不变时,加速度与外力成正比,外力不变时,加速度与小车质量成反比"的结论,并最终得到牛顿第二定律。

应该说这两种实验设计的原理、可信度、科学方法等都是非常好的,它们都是在长期的教学实践中被提炼、被总结出的、具有说服力和操作性的学生实验和演示实验。

但是这两个实验也都有一个共同的特征:那就是,实验必须在小车匀加速运动的情况下才能实现!这就意味着我们所测得的加速度是小车运动过程中的平均加速度。尽管匀加速过程中的平均加速度与运动过程中任一时刻的瞬时加速度相同,但就这个实验而言,我们是不可能通过实验来说明牛顿第二定律具有瞬时性的,这一点不能不说是传统实验的遗憾。因为"牛顿第二定律具有瞬时性"的事实,教学中只能由教师硬性"灌输"给学生。

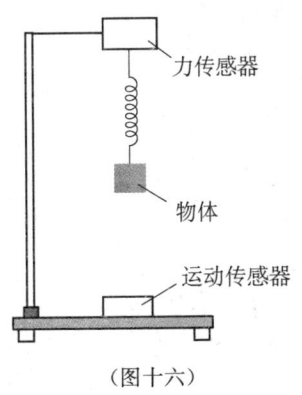

(图十六)

DIS实验系统开发中,牛顿第二定律的实验得到了重新设计。如图十六。

在铁架台上固定了力传感器,传感器下面挂有轻弹簧,并连接着物体(砝码),地面上放置着运动传感器。实验前将力传感器调零,然后将物体向下拉动一小段距离后释放,物体则开始上下运动。打开数据采集器(图十六中未标出),力传感器和运动传感器两路信号,同时被采集,最终形成了在同一时间坐标下的合外力及物体加速度图像(图十七)。

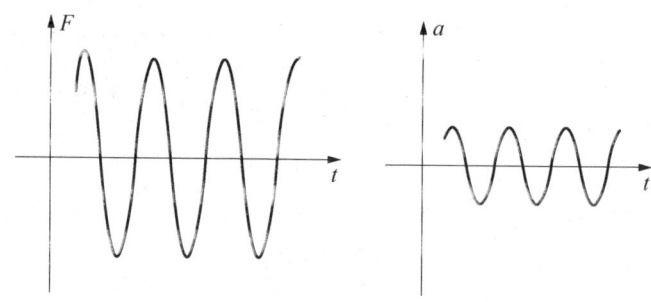

(图十七)

从这个图像上可以直接看出,任一个时刻,合外力的大小始终正比于物体加速度的大小。

如果还需要研究外力不变时,加速度与质量成反比的关系,可以更换物体(砝码),将两次图像进行比较,如图十八(注意:两次图像坐标刻度应相同)。取某一个相同合外力值(F_0)的水平线与 F-t 图像相交,从交点向 a-t 图像作竖直线,又可以在 a-t 图像上得到另一个交点。比较前后两个交点值和质量的关系,就可以得到合外力不变时,加速度与质量成反比的关系。

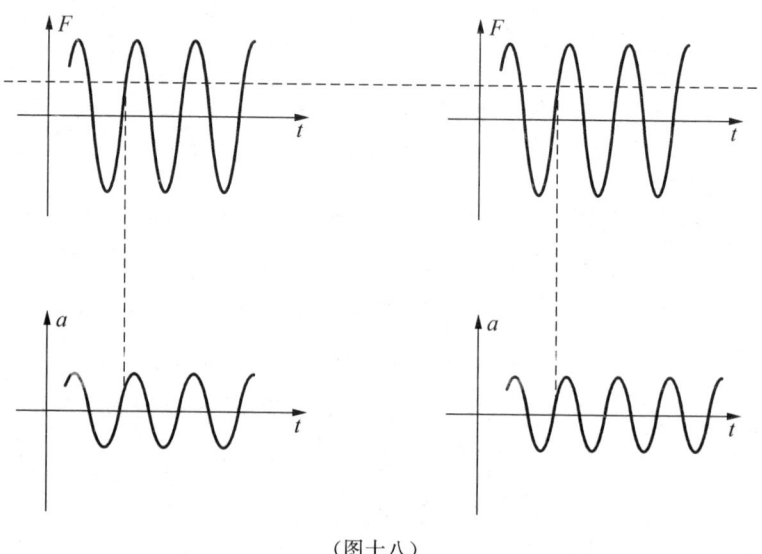

(图十八)

196

DIS牛顿第二定律实验,突破了传统实验只能在匀加速运动环境下才能实验的框架,使稳态、衡态的运动模型推广到了任意态运动的模型;使平均值的获取变成了时时数据的获取;使实验的情景更加接近真实运动情景,也使这个实验有了更多的真实性和可信度。这种设计思路的创新,对我们今天物理教学"从生活走进物理,从物理走向生活"的追求,无疑是极有价值的启迪。

四、DIS实验对中学物理教学的影响

第一,为课程标准的落实提供了实验基础

DIS实验进入中学物理教学,其意义和影响是非常大的。物理教学要贴近生活,贴近社会,贴近科学的发展。物理科学知识的学习要运用于实践,要能解决应用问题,这是课程标准提出的要求,也是课程教材改革以来广大物理教师已经形成的共识;为了达到课程标准这一希望的目标,新教材中增加了大量的应用问题和学生探究活动,物理学科也强化了学科研究性学习的活动。几年来,学生学科探究性(研究性)学习内容涉及的面越来越广,需要进行实验的内容也越来越多,既有传统的噪音测定,焦耳定律验证。也有较为新鲜的如生物蒸腾研究,光电制导研究等。这些实验的范围已经远远超出了传统中学物理实验的范围。尽管DIS实验也不能完全满足这些研究所需的全部实验要求,但客观地说,还是在很大程度上为这些研究提供了强有力的支持,从这个意义上讲DIS实验对于落实课程的理念,落实课标的要求,起到了相当大的推动和保障作用。

第二,对于中学物理实验的开发起到了促进作用

物理学科作为一门基础学科,具有很强的实验性和实践性。不仅大量物理现象的发现、假设的验证、定律的得出,要依靠实验,还有许多物理学科中的科学方法,也是要通过实验才能体现出来的。这就要求我们必须在教学中加强实验教学,强化实验教学,让学生学会在实验中,观察发现、分析思辨、归纳总结,培养自己科学发现的眼光,提高解决问题的能力。正是基于这样的原因,物理教学实验的开发工作始终在继续,物理教学中学生动手操作、体验实验,感悟实验的内容始终在加强(包括演示实验)。

中学物理实验开发中的瓶颈问题之一,就是实验的测量手段以及数据获取和处理的方法。DIS实验的引进,对于这一瓶颈问题的突破,做了大量有益的尝试。如本文

前面已经提到的一些实验：磁感应强度的测量，冲力的测定，匀速圆周运动中动力学规律的验证等，都取得了较好的效果。各类传感器的使用，不仅丰富了实验数据获取、分析的方法，还创新了一些实验的设计思想。DIS 系统和传感技术的应用，对中学物理实验的开发，有着不可估量的前景。

第三，DIS 系统自身的内容将融入学科的学习内容中

既然 DIS 实验已经成为了中学物理实验内容的一部分，那它的内容就必然会融入到学科教学内容中去。从这几年的教学实践看，已经有越来越多的牵涉到 DIS 系统的教学内容、实验内容、习题内容等，进入到了学科的学习范畴中，这不仅是学科学习内容的拓展，也为 DIS 技术的普及发展起到了促进作用。

仔细考察一下融入到学科中的 DIS 系统内容，可以发现，除了实验操作的技术外，一个显著标志就是系统的实验原理、甚至传感器的工作原理，形成了学科教学中的新的内容。

运动传感器对运动物体物理量的测定是大家熟悉的。测量的原理是不间断两束不同的脉冲波（红外光波、超声波），经物体反射后被重新接收，根据两列波发出和接收的时间差确定物体的位移，进而再根据物体位移的变化，确定物体的速度以及加速度。

就 DIS 系统这一测量过程的原理看，利用位置的变化确定位移；极短时间内位移的变化确定速度；根据速度的变化确定加速度（极短时间内），都是学科教学中的基本内容，但实现方法、特别是根据两束发出和接收的波来实现的方法，却是传统中学物理实验中所没有的。由于 DIS 系统的进入，这种测量方法在教学中被介绍了，实际生活中应用这个原理的案例（如车速的测定）被吸收了。甚至高考中也出现了利用两列波对车的位置和速度进行判断及计算的问题（2003 年上海市高考卷），这就是一个典型的说明。

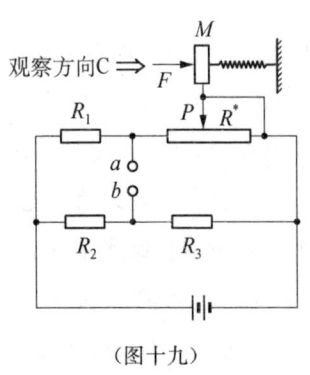

（图十九）

再看这样一个练习题。如图十九的电路，电源为内阻不计的恒压源，电阻 $R_1 = R_2 = R_3 = R_0$ 变阻器 $R^* = 2R_0$。当滑动片处在中点 P 时，ab 两点间的电势量差恰好为零。依图中所示的观察方向看；如果 $U_{ab} > 0$，施加在 M 上的外力 F 是推力还是拉力，如果已知 $U_{ab} = KF$，当

P 在 R^* 左端 $\frac{1}{4}R$ 时,外力 F 为多大?

这是一个通过电学量测量获取力学量的综合问题。它的原型就是力传感器,或者说力传感器的工作原理。一般地来说,力传感器实现电学量的测量获取力学量,可以采用压电效应,如果为了提高灵敏度,也可以采用电桥方式。图十九练习题就是从电桥测量方式中衍生出来的内容。这也是 DIS 系统本身内容融入到学科教学内容的一个印证。

当然,DIS 系统、特别是传感器原理中间还是有许多内容或技术,是目前中学物理教学中不能涉及的,系统原理和传感技术融入到教学内容中去的,也仅仅是其很小的部分。但这种融合毕竟还是反映了 DIS 实验对中学物理教学的影响,显示了物理教学的内容贴近科技发展、贴近社会应用的方向,应该引起中学物理教师在教学中的高度关注。

我们欣喜地看到,随着课程教学改革的推进,在一大批致力于信息技术整合学科教学的研究人员和一线教师的共同努力下,DIS 实验系统开发的力度正越来越大,开发的范围也越来越广,使用的技术也越来越成熟。以信息技术为背景、以中学物理教学为平台的 DIS 系统,将为中学物理实验教学撰写出新的一页。

物理学科的研究性学习

研究性学习过程,是学生在学习中发现问题,解决问题的过程,也是运用集体讨论,相互启发,合作学习,共同提高的过程,它对于发展和培养学生的创造性思维,有着重要的意义。在教学过程中,我们应有目的、有针对性地开展学科研究性学习,鼓励学生提出问题,并完成问题的研究性解决。

1. 学科"研究性学习"的分类

学科研究性学习的内容主要可以分为三类,第一类,由教材中的重点、难点、习题、实验中引发的问题和疑惑;第二类,教材内容结合对生产、生活实际问题的观察分析而引发的想法和问题;第三类,对于社会热点问题的讨论、分析。如生态问题,环保问题,能源问题等。

学科研究性学习的类型决定了研究性学习的实施形式。如果根据研究问题的性质和学科的特点,研究性学习的实施形式也可以分为三类:当堂型、短期型和中长期型。通过师生课堂研究分析、讨论总结可以解决的,称之为"当堂型研究",应在课内完成。而另外两类,可以建立课题组进行专题研究。专题研究可以在老师指导下开展,也可以聘请校外专家指导,还可以申请专项研究经费和设备。

如果仔细考察常见的学生学科研究性学习的过程,学科研究性学习的"研究"又可以分为"一个主题不同方式研究"和"一个主题不同侧面研究"。

如"摆长对单摆周期的影响"就属于前者,它可以采用理论研究的方法:综合简谐振动单位圆投影法、简谐振子的周期公式、牛顿第二定律等知识,最终推证得出结论。这个主题也可以通过实验研究的方法:在不同摆长的情况下测得与之对应的周期,通过数据分析和图像绘制,找出周期的平方与摆长关系。另外,这个主题还可以采用DIS与实验相结合的实验研究,对摆长和周期的实验数据进行函数模拟,从而确定二者间的函数关系。

"能源的开发和利用"则可以归类为"一个主题不同侧面研究"。学生的研究侧面可以是电能的传输、使用,可以是风能、太阳能、地热能等常规能源的内容,也可以是海水发电、水果发电、高楼水箱水流发电等新型能源的内容。"一个主题不同侧面研究"的课题研究,特别适合班级划分为若干个研究小组后的全员研究活动,教师的研究指导和学生间的交流合作也特别有针对性和普适性,往往会引起学生的整体共鸣。

值得指出的是:"学科研究性学习"与"研究型课程中的研究性学习"还不能完全划等号。研究型课程中的研究性学习,主要是以"学生自选课题研究"的方式进行,这种课题大多数都是中长期、发散型的,结题的形式往往也是以较为规范的研究报告形式呈现。研究的意义不仅要培养学生的科学精神和科学素养,还要求拓宽学生的科学视野,丰富学生的科学知识,培养学生的创新精神和实践能力。

学科研究性学习尽管也有这样的类型,但与"学生自选课题研究"相比,还是有其一些独特的性质。

第一,学科研究性学习相当大一部分研究的内容,是由于教学内容的学习而引发的,其研究的指向性相对集中,不仅强调了学科知识内化过程中的建构、体验和感悟,还强调了学科知识的理解和应用。

第二,学科研究性学习不一定都是以课题研究形式来进行的。特别是在课堂教学的背景下,很多实施可以通过课堂讨论、课堂探究的方式开展。例如对某一个概念或定律的产生过程的研究(如牛顿第二定律的得出、电磁感应现象的规律等);某一个实验得到的结论研究(如自由落体规律、匀变速直线运动的规律等);某一个猜想引起的证实(如单摆的振动周期与摆长的关系)等。

第三,学科研究性学习的结果不一定是以论文形式的制作形式呈现。课堂教学中教学目标通过学科研究性学习得以落实,就可以理解为研究性学习的结果。

因此学科研究性学习在很大程度上是体现教师课堂教学理念、教学设计、教学组织以及学生的活动。而教学过程中出现的生成性问题,也需要教师教学思想、教学机敏、教学行为的综合集成,从这几年各地各学校的教学实践看,"当堂型"、"短期型"研究方式是学科研究性学习中更为主流的组织形式。

2. 学科研究性学习实施的三个关键环节

影响学科研究性学习实施的因素有很多,例如研究的硬件环境、研究活动的评价方案、开展研究的课程资源等等,但是,研究问题(课题)的构建(研究什么)、研究的实践活动(怎样研究)、教师的研究指导(指导研究)是学科研究性学习组织实施中最为关键的三个环节。

(1) 研究问题(课题)的构建是学科研究性学习实施的基础,对研究性学习有着明确的导向性。

研究问题(课题)的构建要吻合学科教学要求,要立足学科基础知识学习的需要,要能激发学生学科学习的积极性,体现出学科研究性学习的意义。

研究问题(课题)的构建,决定了研究性学习的组织方式。特别是课堂教学中,哪些问题可以成为"当堂型"研究的问题,哪些问题可以组织开放型研究,哪些问题可以建立课题组进行"中长期"研究,基本上都是由问题本身的内容、性质、难易程度、涉及的范围等因素所决定的。

研究问题(课题)的构建,规划了教师组织研究性学习的教学设计。如教材内容的组织组合、背景知识的舍取、教学环节的安排、串联衔接等,也都是要根据问题研究的需要来确定的。

研究问题(课题)的构建,是学科研究性学习中学生能否实实在在"研"起来并取得效果的决定因素。问题(课题)过难过易不可取,与学生的生活经验距离过大不可取,与学生的知识水平相差太远也不可取。

这正是学科研究性学习实施时,教师需要认真思考、精挑细选的。

当然,学生在研究性学习过程中,可能会派生出一些生成性问题和课题,这时教师应该尊重学生的想法,进行正确的引导,使这类问题(课题)的研究设想或方案,符合学生发展和学科学习的需要。

(2) 研究的实践活动是研究性学习的核心(怎样研究)。

学科研究性学习最终总是要落实在学生实践活动上的。学生活动需要怎样研究、以什么方式研究就成为教学设计中最为核心的问题了。是纯实验性的研究、还是实验与理论同步的研究?是发现型研究、还是解剖型研究、或者是制作性研究?甚至学生研究时可能需要哪些工具,研究时可能会遇到什么问题,也都需要教师提前准备。

我们可以看两个具体的实例。

案例一　电容器的构造教学

电容器的构造究竟是什么样呢?

课堂教学时学生分为若干小组,解剖日光灯启动器中的电容器;解剖小容量电解电容器;观察老式电子管收音机中的大型可变电容器;解剖半导体收音机中的可变电容器。一层层剥去绝缘纸,用钳子撕开金属壳,慢慢地敲掉陶瓷罩……教室里一片忙碌。

了解了电容器平行金属板、介质的实现方式,明白了电容器改变电容的方法后,引发了对其他类型的电容器如云母电容器、陶瓷电容器构造猜想的开始,新一轮验证的研究又开始了。

案例二　单色光复合成白光

为了加强学生对"白光是复合光"、"光具有光路可逆"概念的理解,在利用三棱镜将白光分解成七色光展示在天花板后,教师提出了问题:"有什么办法可以将七色光重新复合成白光呢?"

有的同学将两块三棱镜拼合起来,让平面镜的白光从三棱镜不同的侧面射入;

有的同学借助平面镜,将分解后的色光重新找回到三棱镜上;

有的同学将三棱镜放在白纸上,将分解后的不同色光的方向标记出来,再用不同单色光(玩具激光笔的激光)沿着标记方向反向入射(图a);

还有的同学直接做到了教室讲台上的计算机前,开始了网上查询获得了答案(图b)。

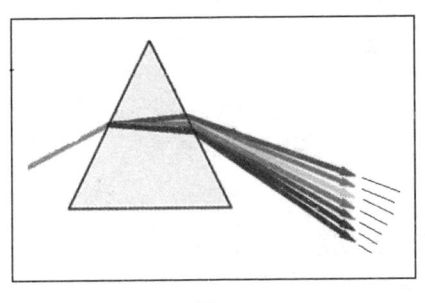

图a

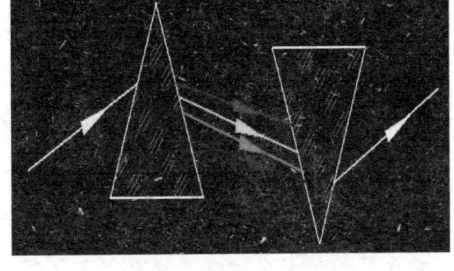

图b

这两个课堂教学案例的共同特点,就是在课堂上让学生"动"起来、让学生"研究"起来。前一个案例中,教师就需要提前准备各种不同的电容,后一个案例中,也需要教师准备足够的平面镜和三棱镜。只有这样才能保证学生的研究、发现不会流于形式。

(3) 教师的研究指导

一般地讲,对于学生课题研究中的问题,有些教师也往往较为陌生,甚至无法指导。但是学科研究性学习的问题,则多是教师能够进行指导与帮助的。研究性学习中的教师指导,从建构主义学习理论看,就是帮助学生完成"同化"的过程,也是学生"力所不及"时,从知识本体或是研究方法或操作技能上,提供必要的支撑。这种支撑,不是学生研究的替代和"接力",只能是学科研究性学习某一个细节、某一个内容提供的必要"说明"与"点拨"。

案例

与干涉条纹宽度有关因素的探究

在教室后墙的墙壁上清晰地显现出干涉花样。

教师:现在我们来测量一下条纹的宽度。

学生开始活动,测量条纹的宽度。

教师:大家再来猜测一下干涉条纹的宽度会与哪些因素有关呢?

学生开始猜测:激光、干涉片。

教师:激光与干涉片的差异表现在哪里?

学生观察不同的干涉片与说明书——激光的差异在于波长,干涉片的差异是缝宽。

教师:除此而外还会有什么因素?墙壁算不算?

学生开始讨论,并改变激光器到墙壁的距离,确认缝屏距离也是可能改变缝宽的因素。

教师:现在至少确定了三个因素与纹宽有关,该如何进行实验探究?

学生回答,控制变量法。

教师:现在我们就用控制变量法进行与干涉条纹宽度有关因素的探究。

学生开始了探究活动并最终得到了定性的结论。

在这个案例中,由于学生对干涉现象、干涉花样的不熟悉,所以没有目标的学生探究是教学设计中不可取的。研究活动有步骤、由浅入深的展开,从现象到方法,从猜测到自我发现,需要教师的逐步引导。这就是典型的教师指导下的学生研究。只要注重了课题的构建、研究的实践活动、教师的研究指导这三个关键的环节,就一定能组织好学生的学科研究性学习。

高中物理学习的思维障碍分析及教学对策初探

说到物理课程的学习,许多的高中学生都流露出一种怯惧感。就物理课程的学习而言,实际上就是一个观察、思维、应用的过程。高中学生对物理知识的理解能力和思维能力正处于从低级向高级过渡的阶段。在学习物理的过程中学生不善于用科学的思维方法去提出、分析、发现问题,有时甚至会不自觉地运用一些错误的思维方法,这严重阻碍学生物理思维的发展。如果学生在学习过程中思维遇到了障碍且得不到及时解决,日积月累,学生便会逐渐产生物理难学之感。因此,分析形成这些思维障碍的原因,改进教学方法,帮助学生克服思维障碍,对提高物理课的教学质量有积极意义。纵观高中物理教与学的全过程,我认为形成学生思维障碍的原因主要有以下几个方面。

(1) 对物理课缺乏兴趣,不愿意认真思考物理问题,从心理上形成学习物理的思维障碍

初中时,大多数学生对物理学习有强烈的兴趣,随着学习的步步深入,内容的增加,难度的逐渐加大,对学生的思维能力结构要求不断提高,造成学生丢失原有的学习物理的积极性。特别进入高中阶段后,要求学生有较强的抽象思维能力,所以学生普遍感到物理难学,从心理上产生学习物理的思维障碍。

(2) 用错误的生活经验分析具体的物理现象产生的思维障碍

高中学生已经从生活中和初中的物理课中接触了大量的物理现象,积累了一定的生活经验。有些生活经验是正确的,是我们建立物理概念的基础,有些生活经验是错误的。而错误的生活经验往往会导致他们的思维障碍。如:生活经验告诉学生"摩擦力是阻碍物体运动的",会使学生产生滑动摩擦力和运动方向始终相反的错误结论。又如:生活经验告诉学生"手握瓶的力越大,瓶越不容易掉下来",很容易使学生产生"静摩擦力的大小和手的握力有关"的错误观点。

(3) 思维定势形成的思维障碍

所谓思维定势就是人脑受到某种外来信号的刺激作用而形成的一种固定的思维方式。

学生极易按照习惯的思考方法处理问题,往往会使人陷入思维功能僵化,处理问题绝对模式化的困境。在高中讲了功的表达式 $W = FS\cos a$ 后若问"一个人用大小为 F 的水平力推一物体沿半径为 R 的圆周走完一周后,推力做了多少功? 许多学生马上回答做功为零。因为沿圆周一周位移为零。再联系 $W = FS\cos a$ 所以做功必为零,忽视了 F 是变力这一重要因素。

(4) 以数学关系式代替物理概念

学生在思考物理问题时带有一种"数学惯性",将物理问题数学化,忽视事物的物理事实和物理意义,以数学关系代替物理概念。

例:空间某点的电场强度可用公式 $E = F/q$ 来表示,若问当 q 增大、减小或不存在时,该点电场强度如何变化? 很多同学会简单地从 $E = F/q$ 出发,用数学知识进行分析回答,忽视其表达的物理含义,从而造成错误,形成思维障碍。再如:从库仑定律 $F = KQ_1Q_2/r^2$ 看,显然 $F \propto 1/r^2$,若 $r \to 0$ 时,两点电荷间相互作用力多大? 不少同学

都单纯从公式出发,用数学知识分析,回答趋于无穷大,脱离了物理事实(点电荷)的限制而得到错误的结论。

(5) 只重结果,忽视思考过程。只要得出正确的结果,不愿多想其他的解决方法。

(6) 不能深入理解物理概念及规律的本质和内在的联系,在解决问题时很难展开联想,影响了思维的流畅性。例:在电场这章的学习中,问学生带电粒子在电场中运动时动能的变化和什么因素有关?学生会回答和重力做功有关。由于没能真正理解物体做功和功能变化的关系,没有考虑到电场力做功的作用。

以上分析了高中学生学习物理思维障碍产生的心理因素和形成思维障碍的主要原因。物理教师有责任和义务通过改进教学方法,帮助学生克服这些思维障碍,提高物理课的教学质量,我认为可以从以下几个方面着手。

(1) 培养高中学生学习物理的兴趣

现代心理学、生理学研究成果表明,人们的学习活动,不仅依靠大脑皮层结构,而且是在情感的参与下进行的,就教学来说情感因素对教学过程有着极其重要的作用和影响。要帮助学生克服物理学习的思维障碍,首先要帮助他们消除产生思维障碍的心理因素。因此首先要培养中学生学习物理的兴趣。

a. 引用物理学史提高兴趣

物理学史记载了人类揭开千古自然之谜的史实,有许多激动人心的故事,物理学家探索物理之谜的坎坷曲折历程,本身会激发学生的浓厚学习兴趣。

b. 联系实际问题激发兴趣

从日常生活中揭示看似平淡的物理原理,学生也会表现出相当大的兴趣。例:人走路时所受的静摩擦力是和人的运动方向一致。可告诉我们摩擦力不一定是阻力,也可以是动力。又如:吹得很大的气球在夏天的午后很容易爆裂是由于温度升高,体积不变,压强增大。

c. 通过实验激发兴趣

用实验导入新课。例如:在讲自由落体运动时,老师先让一个橙子和一张纸从同一高度由静止下落,问哪个先下落?学生回答:"橙子,因为橙子比纸重"。又让一张纸和揉成团的相同材料的半张纸从同一高度由静止下落,结果是半张纸先落地。"这是为什么呢?"一开头就使学生对落体快慢这个问题有了浓厚兴趣,为调动本课后续学习的积极性创造了良好气氛。

d. 注意使用多种教学方法

物理课中,有些内容较枯燥,因此要变换教法,讲授、演示、黑板练习等做些穿插,多管齐下激发学生的兴奋点。

e. 教师上课要有激情

备好课是上好课的基础。课前,教师要进行自我心理调整,以便进入良好的教学状态,这样课堂上才能有声有色,并带着愉悦的心情和对所讲知识的激情,而使学生被感染,学生从爱听这位老师讲课到爱学这门课程即产生所谓"爱屋及乌"的效应。

(2) 对学生进行发散思维的训练

a. 一题多解,培养学生思维的求异性

一题多解的解题训练方法可帮助学生对所学知识全面、系统地回顾和运用,启发学生从多角度多途径寻求解决问题的方法,开拓解题思路。学生经过这样的训练,就能真正地掌握学习的主动权,养成良好的思维习惯。

b. 一题多变,培养学生思维的多向性

对习题的条件进行变化,让物理情境发生变化,让学生获得一题多思、一题多练的机会。只有以变的观点、活的思想、新的方法进行教学,指导学生从不同的条件、以变化的观点去思考分析问题,才能使他们克服思维定势的消极影响,激励学生思维的灵活性和多向性。

c. 一题多问,培养学生思维的全面性

根据同一条件,提出一系列问题,引导学生把所学到的零碎知识融汇起来,揭示知识之间的内在联系和规律。

例:L_1、L_2 分别为 220 V,40 W 的白炽灯泡。

问 1:正常发光时,哪一盏灯的电阻大,哪一盏灯通过的电流大?

问 2:正常发光时,哪一盏灯亮,相同时间内哪一盏灯消耗的电能多?

问 3:将它们并联在 220 V 的电源两端,哪一盏灯亮?此时电路消耗的电功率有多大?

问 4:将它们串联在 220 V 的电源两端,哪一盏灯亮?此时电路消耗的电功率有多大?

问 5:若将它们串联在同一电路中时,其中有一盏灯正常发光,是哪一盏灯?此时电源电压是多少?

上述一题五问,学生在解题过程中把电流、电压及串、并联电路等知识都灵活地运用到了。故而印象深刻、不易忘却,这种教学方法对培养学生思维的连续性和全面性十分有益。

(3) 发挥物理实验对于发展学生创造性思维的积极作用

a. 通过实验加深对物理概念、规律的理解

学生对物理概念规律的理解肤浅,甚至只是死记硬背,不能领悟其中的物理思想和内涵。通过生动丰富的实验现象可以加深对物理知识的理解。例如:在单摆的振动周期教学过程中,通过一组实验,请学生自己研究周期和摆长的关系,周期和摆角的关系,周期和摆球质量的关系,从而使学生了解到单摆的振动周期和摆长有关和摆球质量及摆角无关的结果,对单摆周期的研究过程有一定的了解。

b. 增加开放性实验、设计性实验和研究性实验

通过设计实验目标确定而实验途径不限的开放性实验、设计性实验和研究性实验,可以促进学生积极思考,可以引导学生从多角度、多方位思考问题,不仅提高了实验能力,也培养了发散思维。

在物理教学中,只要我们切实加强基础知识教学,帮助学生练好基本功,及时排除他们存在的各种思维障碍,物理难学的现象就会逐步改变,物理教学质量不难提高。

使学生掌握获取知识的方法

随着课程教材改革的不断深入,中学物理教学的要求已经变得越来越高了。从主体性上看,要弘扬学生的主体意识,发展学生的主动精神,培养学生良好的意志品质,形成健康的精神力量。从基础性上看,要把握教学最基本的基础知识和学科基本结构,使学生把握住科学发展的主要线索,认识和了解客观世界,认识基本物理规律。从发展性上看,则应重视培养学生的自我发展能力,立足让学生掌握获取知识的方法,提高对来自外部信息的处理加工能力,使学生真正地学会学习,使认知能力、学习能力、发现能力、创造能力成为学生终身受用的宝贵财富。

中学物理的教学过程中,让学生掌握获取知识的方法、拓宽思维的深度和广度,是教学中的一个重要任务。教师应对每个知识点的来龙去脉,对每个知识点的发生、发

展过程,予以足够的重视:它可能是概念的延伸扩展,也可能是基本公式的演绎变换,还可能是实验现象的发现和总结。无论采用什么样的教学设计,教师都应该做到以新型的行为交往模式,为了激活知识,体现知识点的学习方法而设计的。这样才能使学生摆脱机械的知识接收器的学习模式,在积极主动的氛围中,开启思维的通道,融知识和方法的学习为一体,成为智慧潜能开发的学习过程。

在新教材(上教版)《直线运动》第四节的教学中,我们就注意了这个问题。按照教材的编排,这一节中定义匀变速直线运动,是通过研究下滑小车的 v-t 图像来完成的。因此用图像的方法来研究物理问题是我们首先要强调的学习方法之一。如何研究图像,则是我们要注意的另一个重要的学习方法。

我们在完成沿斜面下滑小车的打点计时器实验后,从实验纸带中,选取连续的五段,根据相应的数据,用电脑作图的方法,逐段作出平均速度与时间关系的图像(图1至图3),然后,将每段的时间分半,再次作出各段的 v-t 图像,并与第一次的图像分析比较(图4)。反复进行上述过程的操作,最后终于在"时间间隔取得足够小时",得到了"极短时间内的平均速度代替瞬时速度"的结果——与教材所述相同的一条直线(如图5至图8)。

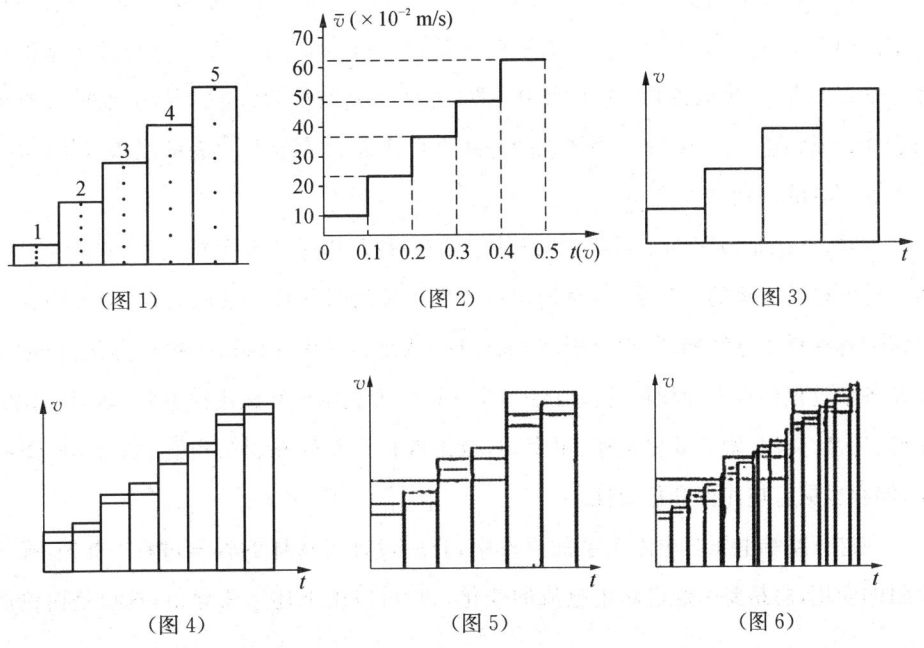

(图1) (图2) (图3)

(图4) (图5) (图6)

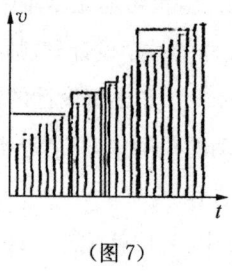
（图7）
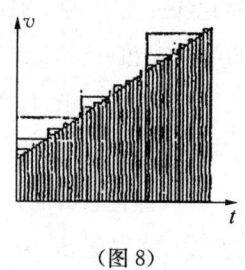
（图8）

绘制 v-t 图像的过程，是对已有的概念进行延拓。通过抽象思维来完成的。要让学生掌握这个方法，就应该让学生认识、体会过程中的阶段结果，直至最终结果。采用电脑作图，层层递进，就是用形象思维的方式，"催化"学生的认识过程，使抽象思维的过程形象化，从而使学生在今后的学习中，更自觉、更主动地运用抽象思维的方法，认识掌握物理规律。从这个意义上讲，这也正是教师"主导"作用的体现。

掌握获取知识的方法，不仅能从本质上提高学生的学习能力，使学生在学习中更具有主动性和积极性，就掌握知识本身而言，它和学生对知识的理解、记忆、运用，也是具有正相关性的。

根据布鲁纳的认识发展理论，学习本身是一种认知过程，个体的学习总是要通过已知的内部认知结构，对"从外而内"的输入信息进行"编码加工"，以一种易于掌握的形式加以储存；并采取外推、内插、转化等方式，处理所获得的信息，"从内而外"地推出新的知识或结论。同时，对处理知识的方法进行评价，重新提炼已有的经验系统，改组或扩大原有的认知结构。

但是，不论是编码加工过程，还是处理储存过程，以及检验更新过程，它们总是需要一定的科学方法的。教学中，对知识点的发生发展过程作必要的解剖，对知识递进过程中各种科学方法的研究、分析、归纳整理，就是给学生提供这些科学方法，帮助学生在各个过程中自觉地使用这些方法。这些科学方法掌握和运用得愈好，新旧知识的衔接、切换、交织、融合就更迅速、更密切，改组或扩大新的知识结构就会更合理、更有序，储存也更有规律性和稳定性。

在进行路端电压与电阻关系的讨论中，我们设计了这样的教学过程：首先，确认电阻的变化，总是要引起电路中电流的变化。它可以由下述①式导出，这也是讨论的基础。其次,路端电压的变化,应以②式③式为依据。然后再对电阻的变化,分三种情况进行讨论。

$$I = \frac{\varepsilon}{R+r} \text{①}$$
$$U = \varepsilon - Ir \text{②}$$
$$U = IR \text{③}$$

当内电阻恒定、外电阻变化时,由①式可知电流的变化是确定的,②式中 Ir 也就具有确定的变化,可以由②式对路端电压的变化,作出明确的判断。

当外电阻恒定,内电阻变化时,①式可以确定电流的变化,②式中 Ir 是不确定的;由②式判断路端电压变化不能成立,但③式中 IR 有确定的结果,利用③式进行判断,是可行和方便的。

当内、外电阻都变化时,①式中的 I,②式中的 Ir,③式中 IR,都是不确定的。②③两式不能直接使用,须将众多不确定因素化简。将①式代入②式中,可以得到类似于光学中的"镜像公式"④式,根据内外电阻的比值,路端电压的变化就一目了然了。

$$U = \frac{\varepsilon}{1+\frac{r}{R}} \text{④}$$

这个例子中,①②③式是学生已有的经验体系,结论:内阻不变时,路端电压随外电阻增大(减小)而增大(减小)。外电阻不变时,路端电压随内电阻的减小(增大)而增大(减小)。内外电阻都变化时,路端电压取决于内外电阻的比值,则是扩大了的、新的知识结构。在这一知识系统的信息处理、知识外延、知识更新过程中,涉及了对物理量性质的判断(确定或不确定性),物理公式的选择,基本公式的演绎等不同的方法,这在其他内容和其他学科的学习中都是可以借鉴的。掌握了这些方法,不论是课堂的学习或是自学的过程中,对学生都是受益匪浅的。

物理学科由于自身实验性、实践性的学科特点,实验教学是不可缺少的。实验教学中,让学生掌握获取知识的方法,仍然是我们应该充分重视的问题。

以楞次定律的教学为例,学生在课堂上要完成一组学生实验,同时要填写一份如下图的实验表格。教师则根据表格的内容,从原磁场磁通量变化一栏,感应电流的磁场与原磁场方向的关系一栏入手，归纳出楞次定律的内容。

现象 \ 记录 \ 操作				
原磁场 B 的方向				
原磁通量 ϕ 的增、减				
电流表指针偏转的方向				
感应电流的磁场 B' 的方向				
B' 与 B 方向的关系				

如果仅仅让学生了解、掌握、运用楞次定律的内容，我们完全可以舍弃这一实验。通过几个例题的分析讲解，配以一定量的习题，让学生反复演练、熟悉，这个要求不难达到，但是，从让学生掌握获取知识的方法这一角度来看，这样的教学，就存在着严重的缺陷。

楞次定律的教学过程，是学生在教师指导下，运用"发现法"来探究感生电流方向的过程，它包括了操作方式的列举（磁铁的各种动作），数据的采集（填写表格），现象的归纳总结，以及结论的分析验证等几个重要环节。学生体会的是物理实验对物理学科发展的意义，重复的是物理学家艰辛的探索过程，既培养了严谨不苟的科学态度，又培养了坚韧不拔的意志品质。这些无一不是学生在今后的学习上所必需的。因此在实验过程中，研究实验的设计思想，分析操作步骤的目的，让学生在实践中掌握学习物理的方法，应该是我们实验教学中的重要任务。只有把握了这一基本原则，教学才能真正做到以"培养能力"为目标，才能真正地、全面地提高学生的各项素质。

浅议 KPK 教材

一、序言

德国卡尔斯鲁厄大学——著名物理学家赫兹曾经工作发现电磁波的地方。25 年前，该大学物理教学研究所开始开发卡尔斯鲁厄物理课程，并于上世纪 90 年代正式为德国出版，截至到目前为止，有近万名德国学生使用了这一课程。

2007 年上海市教委教研室与德国 JOB 基金会和卡尔斯鲁厄物理教学研究所合作，将该教材介绍给了上海的基础教育，并于 11 月份召开了教材研讨会。

二、实物型物理量

KPK 教材提出了"实物型物理量"的概念。

举例来说，如果一个运动物体在地面，物体与地组成一个系统，这系统中就有一定的能量、动量，并且可能从该系统流到其他系统中。

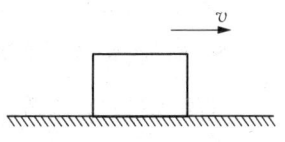

这些被看作包含在一个物理系统中，并能从一个系统流到另一个系统中的物理量就称为实物型物理量。

但是该系统的加速度，就不是实物型物理量，它不能转移。

这些典型的实物型物理量：如

力学中：能量、动量

电学中：能量、电量

热学中：能量、熵

化学中：能量、物质的量

构成了教材的中心概念。

三、教材体系

我们现在的力学体系和电学、热学体系等有相应大差异，以力学体系来看，正像以前人大出版社编辑所说是"两面三刀"。用不同方法解决力对物体运动的影响。

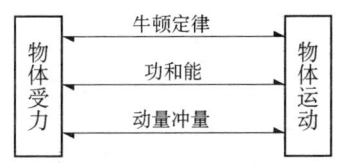

在教材体系和结构中,也一直存在着"场"和"流"的两种线索。

"场"线索,主要从重力场、电场、磁场、不变电磁场等几个角度阐述教材结构和内容。

"流"的线索,过去也只在直流电路中出现过,从流的角度,看电荷运动,电流强度,甚至电流密度等等。

KPK 教材,应该说是以"流"作为线索完成编制的。以力学为例:

系统具有能量

能量的携带者为动量

能量流动是在力势差(ΔV)作用下流动

能量流动形成了"动量流"(F)

能量流动形成了"能流"(P)

这样就完成了和各分支学科的类比关系

分支	能量及携带者	势	流	能流
电学	能量 E 和电量 Q	电势 U	电流 I	$I_E = UI$
力学	能量 E 和动量 P	速度 v	动量流 F	$I_E = v \cdot F$
热学	能量 E 和熵 S	温度 T	熵流 I_S	$I_E = T \cdot I_S$
化学	能量 E 和物质的量 n	化学势 μ	物质流 I_n	$I = \mu I_n$

KPK 教材以能量为所涉及的第一物理量,从能量传递、变化、携带者等角度去讨论,与传统教材有较大差别。

另外,从"流"的角度展开体系,注重了学习物理的类比性,使物理学更具现代化和精简的特征。

四、教材目录内容简介

(一) 力学部分

1. 能量

2. 液体和气体流动

3. 动量和动量流

4. 引力场

5. 动量和能量

6. 力矩和质心

7. 角动量和角动量流

8. 压缩和拉伸

(二) 热学部分

1. 熵和熵流

2. 熵和能量

3. 相变

4. 气体

5. 光

(三) 信息和电、光

1. 信息和信息携带者

2. 电和电流

3. 电和能量

4. 磁场

5. 静电

6. 信息系统

7. 光和光学成像

8. 颜色

(四) 反应、波和原子

1. 反应速度和化学势

2. 物质量和能量

3. 反应热平衡

4. 质量和热量

(五) 声波、电磁波、光子

1. 波是能量携带者

2. 光子

3. 原子壳层

4. 固体

5. 原子核

五、力学中一些重要的提法

1. 能量：燃料中，蕴含的东西

   由携带者携带

2. 能流：装置每秒消耗的能量 $P=\dfrac{W}{t}$（功率）

3. 动量：运动物体所包含的东西

   动量可以传递，是矢量

   动量流动需要动量泵

4. 平衡：物体流入的动量与流出的动量相等

5. 动量流：动量流＝动量/时间（$F=P/t$）

6. 落体：物体接收来自地球的动量

7. 重力场：传递动量的一种导体

8. 重力：地球流入物体的动量流强度

9. 失重：动量流入某一模型，但不让动量再流出，若没有动量流过它，它就处于失重

10. 动量和能量

（1）动量是能量携带者

   动量传递能量时，能流强度与动量流强度正比 $P=v\cdot F$

（2）动能、势能

运动物体,引力场都是能量储存器

KPK 教材以实物型量为中心概念,以实物型量的流来构建整个课程结构,是一种新颖的视角,它抛弃了一些传统旧理论,又融合了科技发展的内容,力图构建较为完整的,具有可类比学习的新体系,对我们的基础教育,是一个有益的启示。

中学物理实验教学的思考

物理学科是以实验为基础的自然学科。从物理学诞生的那天起,物理实验就成为了学科发展的支撑,成为了物理科学理论检验的唯一标准。纵观物理学的发展史:不论是 a 粒子散射实验确定的原子核式模型,还是广义相对论的光线弯曲验证,都说明了物理实验在学科中不可动摇的地位。

一、实验是物理教学的国际认同

如果仔细研究一下我们的中学物理教材,就会清晰地看到,我们的教材体系,就是遵循了实验定律为主线的内容分布。在初中教材中,阿基米德定律、惯性定律、欧姆定律、光的反射定律、光的折射定律等,串联起了整个初中教学的内容。而在高中教材中,牛顿定律、气体定律、库仑定律、闭合电路欧姆定律、电磁感应定律等,则架构了高中教学内容的完整轮廓。

实验定律:能量守恒定律、动量守恒定律、电荷守恒定律,支撑了经典物理的宏伟大厦。

物理实验及物理实验教学也是物理教学的国际教育认同。

以英国基础教育为例,物理实验的比重约占整个物理教学时间的 25%～50%,中学低年段教学实验可占每节课教学时间的 70%～80%。

德国的基础教育中,物理课程共安排了 343 个物理实验。其中有 296 个实验要由学生自己完成,占 86.3%,教师实验 47 个,占实验总数的 13.7%。

美国的基础教育,更是极为强调物理实验,并以学科教室的建设为标志。IB-DP 课程的起始,就是物理测量和误差分析。

俄罗斯,仅在初中学段,国家就提供了配合教学的近 60 部物理实验电影专题片。

我国的基础教育,也一直把加强物理实验作为物理课程教学改革的重要内容。仅以实验室的硬件建设为例。2006年7月19日,教育部颁发了《中小学理科实验室装备规范》(基教)16♯文件。2009年11月25日,教育部颁发了《中小学理科实验室装备规程》(基教)11♯文件。2010年2月25日,教育部颁发了《高中理科教学仪器配备标准》(基教)1♯文件。2012年3月13日,教育部颁发了《教育信息化十年发展规划》(教职)5♯文件。把实验室的建设纳入了教育发展和规范化的政府行为。

我们还可以看一下教育部《物理课程标准》的设计,在物1+物2+选修3(1～5)中,学生实验安排了9个,演示实验安排了55个,课堂实验安排了29个,做一做则安排了60个。加强物理教学中的实验教学,力度可窥一斑。

二、物理实验教学的意义

物理实验在物理教学中有着特殊的意义。

从物理教学内容的角度看,物理实验的原理、内容、方法等,本身就属于学科知识的范畴,它不仅是许多物理基本理论的出发点和依据,也是物理知识应用的模拟和推广,如玻意尔定律、机械能守恒定律、等效替代、间接测量等等。缺少实验的物理教学,不仅有悖于学科的教学要求,也有悖于物理学科实践性、实验性的基本学科特点。

从教学法的角度看,物理实验在教学中不仅能够创设良好的环境氛围,激发学生的学习兴趣、问题意识和探究欲望,而且能提高学生动手操作的实践能力,提高学生观察、发现的能力,帮助学生体验科学探索的方法,丰富学生的经历,发展学生的思维能力,培养学生严谨的科学态度,形成良好的科学作风。值得指出的是,教学中物理实验的学生探究性活动,还是突破教学难点的有效手段。

从认知规律看,物理实验则是物理概念与物理规律形成的基础。物理概念是物理现象和物理过程本质属性和共同特征在人脑中的反映,是人们通过抽象化的方式对所感知的事物共同本质的科学思维和概括。对应着物理量及物理学中的名词和术语,如:速度、力、电场、功等等。物理规律则是物理现象、物理过程在一定条件下发生、发展和变化趋势的反映,揭示了在一定条件下,物理量之间内在的、必然的本质联系。是在物理过程发生、发展和变化过程中,通过抽象化思维的总结、归纳而得到。如:定律、定理、原理、定则、公式等。物理实验正是这些物理现象和物理过程的再现,有助于学生在感性认识的基础上,完成抽象、思维,形成概念、规律的过程,使抽象思维获得形象化的支撑。

物理实验还有助于克服学生的前科学性和后科学性错误。例如水波水槽的演示就可以打破前概念性错误的"水波使浮叶游动,波的传播过程中质点在迁移"的"启蒙"。串联电路中灯泡同时亮起的实验,则可以批判后概念性错误的"串联,是用电器首尾相接,电流依次通过每一个用电器的电路连接方式"的提法。

所以,物理教学中应该充分认识实验教学的意义,提高实验教学的能力。

三、指导学生做好物理实验

物理教学中应当怎样指导学生做好物理实验呢?

(一)了解器材的特性,感悟实验的要求

提高物理实验教学的效率,指导学生做好物理实验,首先应该使学生对常见物理器材有所了解,包括:

1. 器材的基本功能、基本识读、基本特性

例如,配置单摆实验中的直尺,有什么作用?如果仅仅知道是为了衡量单摆拉开时的水平距离,保证摆球的摆角小于5度,那还是不够的。这个实验中,对于摆球的摆动要求是一条直线,不能出现圆锥摆情况。因此,摆球摆动后,可以沿着直尺观察小球,鉴定小球的运动情况是直线还是圆锥摆。

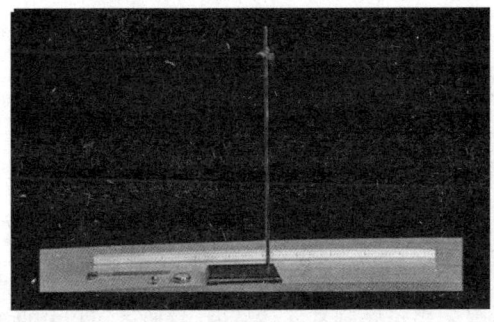
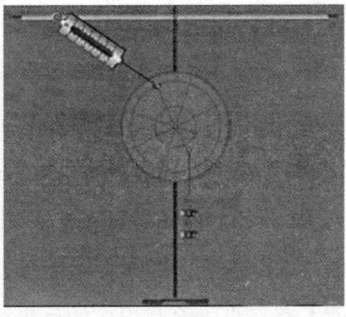

再以有固定转动轴物体平衡条件的实验为例。力矩盘上有一个斜向上拉的弹簧,它的功能又是什么呢?为了读数的直观?因为方向可自动调整便于平衡?这些都不错。但是还有一个重要的作用,就是让斜向上拉的力,减小力矩盘与轴的摩擦力。

螺旋测微器和多用电表也是中学物理实验中的器材。利用它们进行测量时,需要对测量结果完成识读。那么这些测量仪器的精度是多少?读数应该精确到哪一位?是否需要估读?这些都是需要在实验以前必须清楚的问题。

我们再来看看这样几个例题。

例1.光电计时器是一种常用计时仪器,其结构如图所示,a、b分别是光电门的激光发射和接收装置,当一辆带有挡光片的小车从a、b间通过时,光电计时器就可以显示挡光片的挡光时间。现有一辆小车通过光电门,计时器显示的挡光时间是2.0×10^{-1} s,用最小刻度为1 mm的刻度尺测量小车上挡光片的宽度d,示数如图所示。

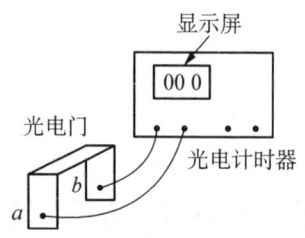
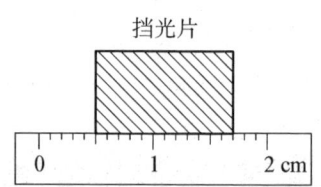

(1) 读出挡光片的宽度 $d=$ _____ cm,小车通过光电门时的速度 $v=$ _____ m/s;

(2) 当小车相继通过相距16 cm的两个光电门时,两个光电计时器记录下的读数分别是2.0×10^{-1} s和1.20×10^{-1} s,则小车在这段距离中的平均加速度为_____ m/s²。

例2.如图(a)是利用激光测转速的原理示意图。图中圆盘可绕固定轴转动,盘边缘侧面上有一小段涂有很薄的反光材料。当盘转到某一位置时,接收器可以接收到反光涂层所反射的激光束,并将所收到的光信号转变成电信号,在示波器显示屏上显示出来。

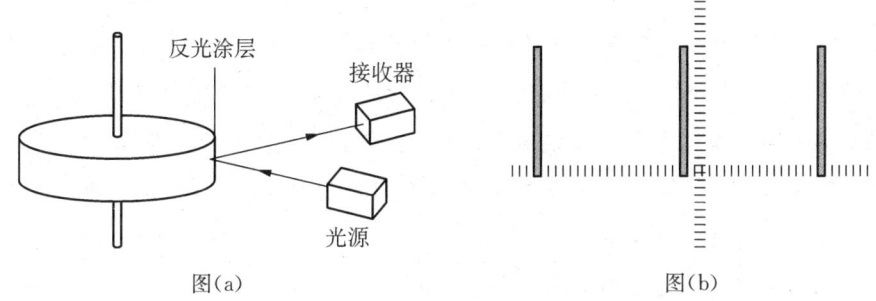

图(a)　　　　　　　　　图(b)

(1) 若图(b)中示波器显示屏横向的每一小格对应的时间为 1.00×10^{-2} s,则圆盘的转速为_____转/s。

(2) 若测得圆盘直径为 10.20 cm,则可求得圆盘侧面反光涂层的长度为_____cm。

例 3. 现有如图所示器材:一根粗细均匀、两端开口的细玻璃管,一个弹簧秤,一把毫米刻度尺,一个温度计,一个足够高的玻璃容器,内盛常温下的水,设水的密度为 ρ。请你选用合适的器材,设计一个简单实验,估测当时的大气压强 P。

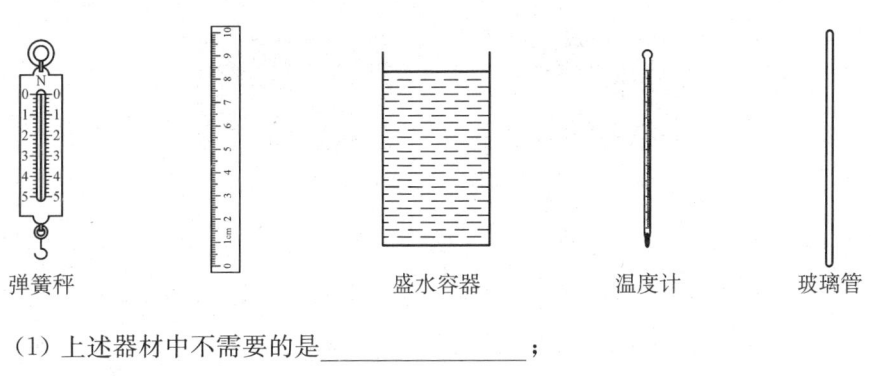

弹簧秤　　　　　　　盛水容器　　　温度计　　玻璃管

(1) 上述器材中不需要的是_____;

(2) 需要测定的物理量是_____;(写出物理量的名称及符号)

(3) 计算大气压强的表达式是_____。

这三个例题,前两个就是仪器读数的识读,后一个则是实验设计。对于实验设计,则更需要对器材的基本功能、基本特征有所了解。例题 3 中,如果对托里拆利管在测量大气压时的原理较为清晰,就可以仿照类似的办法,将玻璃管放入盛水容器中,用手指堵住玻璃管一端,形成"类托里拆利管",完成大气压的测定。

了解实验器材的基本功能、基本识读与基本特性,是实验操作的基础,也是实验教学中的基础。它涉及到一些实验的细节,也涉及到实验设计时的一些思想。我们现在接触到的中学物理实验,绝大多数是经过多年物理教学和物理教学研究以后,沉淀下来的经典实验,了解实验器材的基本功能、基本识读与基本特性,才能体会这些实验涉及的思想,感悟实验设计的精妙。

2. 器材的基本工作原理和基本操作要求

对实验器材了解的另一个内容,就是知道器材的工作原理,并掌握基本操作要求。对于前者,可以选择有代表性的或者教材已经介绍的内容,丰富学生的知识,开拓学生的眼界。例如,对于位移传感器,只需要知道它们是利用红外线与超声波的速度差异,导致了接收时间差,从而完成了测距即可。再比如,对于滑动变阻器,也只是需要知道这是按照电阻定律的原理,利用电阻丝的不同长度来改变电阻就可以了。但是对于课程标准有所要求,并且是教材上介绍的实验器材的原理,应该要予以较为详尽的分析,如水银气压计、多用电表(特别是欧姆档)等。

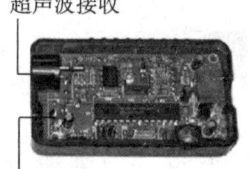

例题:有一内阻未知(约 20 kΩ~60 kΩ),量程(0~3 V)的直流电压表。某同学想通过一个多用表中的欧姆档,直接去测量上述电压表的内阻。(1)如果该多用表刻度盘上电阻刻度的中间值为 30,欧姆档的选择开关拨至倍率_____档。(2)将红、黑表棒短接调零后,应选用下图中_____(选填:"A"或"B")方式连接。(3)根据图 C 读出欧姆表的读数为_____Ω。(4)如果这时电压表的读数为 1.6 V 可算出此欧姆表中电池的电动势为_____V。

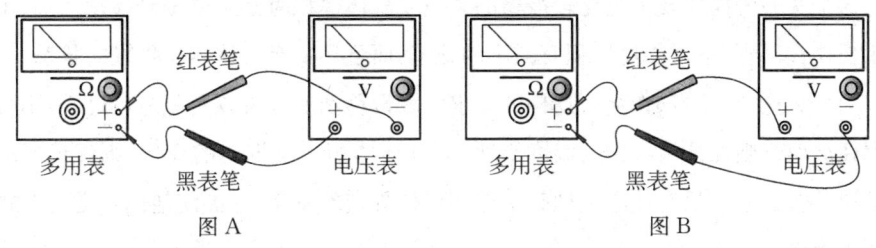

图 A　　　　　　　　　图 B

这就是涉及到多用表工作原理的问题。第一个问题,在电阻值约为 20 kΩ～60 kΩ时,倍率应调至×1k 档。第二个问题涉及到多用表测电阻时的内部原理。此时多用表的黑表棒对应多用表内部电源的正极,所以与电压表连接时,黑表棒应接电压表的正极,即图 A。

第三个问题是多用电表测量数据的识读,应为 40 kΩ。

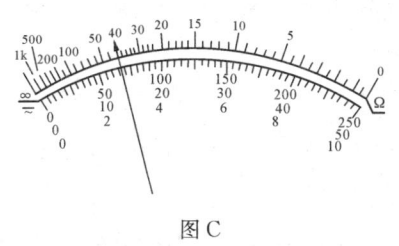

图 C

第四个问题仍然涉及到多用表的工作原理。欧姆档调零意味着表头通过的电流最大。此时,设欧姆表内阻 r,伏特表电阻 R,

满足 $E = I_{max}r$,

当输出 1.6 V 时,电流为最大电流的 105/250,

满足 $E = (105/250)I_{max}(r+R)$,

解得:$E = 2.8$ V。

像这样一些问题,如果对实验器材的工作原理不了解,是没有办法进行实验操作的,也没有办法完成类似问题的回答。

对于实验的基本操作,特别是规范性操作,则是实验教学中应该重点强调的内容之一。因为基本操作要求不仅是实验操作规范化的要求,也是实验科学性保证、实验安全、器材安全的基本要求。这往往需要教师在教学中严格要求、反复指导。

例如,对于玻意耳实验的操作,这是一定量的理想气体在温度不变时,压强与体积关系的实验。通过针管内气体体积变化的刻度与压强计显示的读数,完成数据获取与图像描绘。

这个实验的操作要求是比较严格的。改变气体体积时必须要缓慢移动活塞,不得用手握住玻璃管,不仅要使体积有减小的状态,而且还要有气体体积膨胀的状态。

为什么这个实验操作会有这样的要求?缓慢移动活塞可以避免绝热过程,不得用手握住玻璃管则保证了气体的温度不变,而气体体积正反方向的变化,则保证了玻意耳定律的普适性。只有让学生理解了这些操作规定的意义,才能使他们自觉按照规范的要求操作。

实验基本操作的规范化,在电学实验中往往更为强调。例如,滑动变阻器接入电路时,必须使得阻值最大,多用电表测量时,如果不能预估待测量,只能由较大量程向较小量程变化(高压电阻档例外)等。这些操作要求,正是为了保证实验器材的安全而制定的。

实验基本操作的规范化,表面上看起来就是操作的步序问题,实际上也是学生学习过程中严谨性、责任态度、科学精神的培养,是良好学风的实践。所以实验教学中,应该对此有着足够的重视。

3. 实验中器材选择的基本要素

实验器材的选择,是实验教学中必须涉及的问题,一般需要考虑三个方面的内容。

第一,功能性:器材要满足实验功能的需要。

第二,安全性:要保证器材的使用安全。这就要考虑量程、限流、温度范围等。

第三,灵敏度:这就需要考虑器材的最小刻度、单位长度变化量等。

器材灵敏性的内容主要有两个方面。一是器材的最小读数(测量的精度),精度越高其灵敏性也就越高。二是由于实验观察的需要或实验结果的要求而选择的器材。举例来说,对于电流的测量,如果指针摆动的幅度较大,其观察效果一定比微微摆动要好。再比如,《测量电池的电动势和内电阻》的实验,需要获得电池的输出电流与路端电压,然后作图,完成电动势和内电阻的测量。但是这个实验中,如果滑动变阻器阻值过大,电源输出的电流就会很小,即使是变阻器变化,电流的变化也不是很明显。这样的案例还有不少,如多用电表测量电阻时,进行倍率的调整转换,也多少有这样的情况。当然,灵敏性的选择,首先还是应该满足器材安全性的需要。

我们可以看一下这个例题。

例题:有一个小灯泡上标有"4 V 2 W"的字样,现在要用伏安法描绘这个灯泡的

U-I 图线,提供电池组 4.5 V(内电阻不计),有下列器材供选用:

A. 电压表(0～5 V,内阻 10 K)　　B. 电压表(0～10 V,内阻 20 K)

C. 电流表(0～0.3 A,内阻 1 Ω)　　D. 电流表(0～0.6 A,内阻 0.4 Ω)

E. 滑动变阻器(5 Ω, 10 A)　　F. 滑动变阻器(500 Ω, 0.2 A)

为使实验误差尽量减小,要求电压表从零开始变化且多取几组数据,滑动变阻器应选用_____,实验中电压表应选用_____,电流表应选用_____。(用字母序号表示)

请在方框内画出满足实验要求的电路图,并把图中所示的实验器材用实线连接成相应的实物电路图。

因为本题要求电压表必须从零开始变化,所以电路选择应为分压电路。

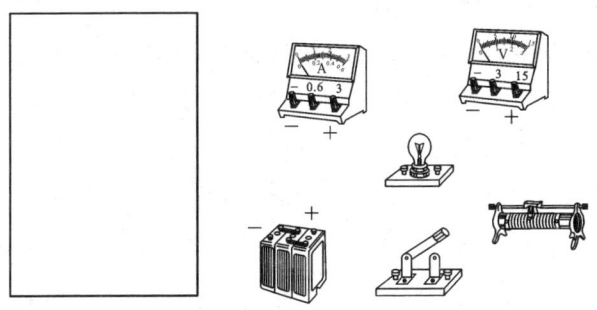

根据题设的电源 4.5 V,电压表即可选择 A(0～5 V,内阻 10 K)。

又因为小灯泡上标有值为"4 V　2 W",额定电流计算为 0.5 A,所以电流表选择为 D(0～0.6 A,内阻 0.4 Ω)。此时的滑动变阻器也只能选择 E(5 Ω, 10 A)。

这个例题中的电流表、滑动变阻器的实验器材选择,都是根据安全性的要求来完成的。电压表之所以选择 A,则涉及到了灵敏性要求。理论上讲,选择电压表 B 也没有错误,安全性的问题,应该是实验中的第一要义。但是如果接入 B 表,测量电压时的指针摆动,一定没有接入 A 表时的效果明显,不论是现象观察还是表盘读数,A 表的接入都较 B 表有着优势。

我们再来看这样一个例题。

如图是一个火警报警装置的逻辑电路图。R_t 是一个热敏电阻,低温时电阻很大,

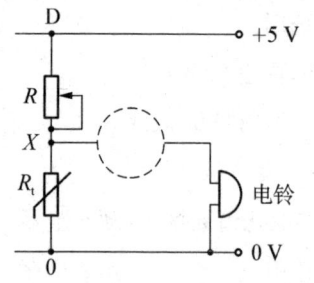

高温时电阻很小,R 是一个阻值较小的分压电阻。

(1) 要做到低温时电铃不响,火警产生高温时,电铃响起,途中虚线处应接怎样的元件?

(2) 为什么温度高时电铃会被接通?

(3) 为了提高电路的灵敏度,即报警温度调得稍低些,R 的值应该大一些还是小一些?

本题的前两问很简单。逻辑门单进单出,只能是"非"门。温度高时,R_t 变大,X 点电势下降,"非"门输出高电势,电铃发声。第三问则与分压比有关,X 点电势越低,电铃越容易发声(提高了灵敏度),所以分压时要求 R 电阻上获得更高的电压,亦即 R 电阻大一些较好。

(二) 体验真实操作,获得实验经历

落实中学物理实验教学的基本要求,最核心的问题,就是要让学生真正动手、真实操作,要让学生真正进入实验室,要舍得拿出时间让学生真正去实践。由于众所周知的原因,有些物理教学在实验处理上,不是进实验室做实验,而是在黑板上讲实验,不是在学习物理规律时同步经历实验,感受物理规律的发现过程,而是最后集中所有的实验,突击进行"总复习",这些做法都是不可取的。我们应该把物理实验教学的内容理解为物理教学基本内容的一部分,把与物理理论内容同步的实验操作理解为物理教学的基本程序,保证中学物理实验教学要求的真正落实。

事实上,对于物理实验的真正操作,不仅可以学习实验设计的思想、科学方法,还可以有针对性地开展误差分析,有助于中学生进行研究性学习时的实验设计。

例:实验"用 DIS 研究机械能守恒定律"的装置如图(a)所示,某组同学在一次实验中,选择 DIS 以图像方式显示实验的结果,所显示的图像如图(b)所示。图像的横轴表示小球距 D 点的高度 h,纵轴表示摆球的重力势能 E_p、动能 E_k 或机械能 E。试回答下列问题:

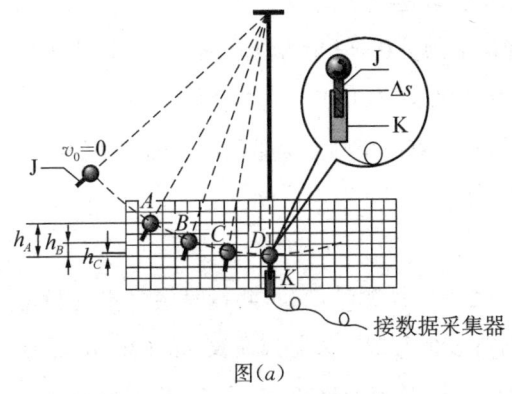
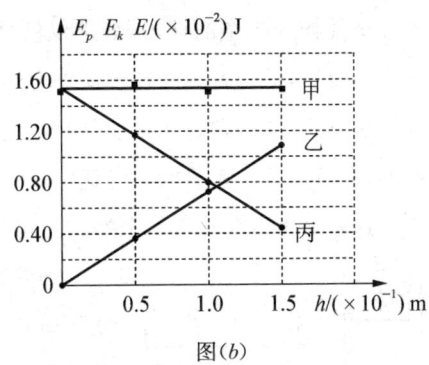

图(a)　　　　　　　　　　　图(b)

(1) 图(b)的图像中,表示小球的重力势能 E_p、动能 E_k、机械能 E 随小球距 D 点的高度 h 变化关系的图线分别是_____(按顺序填写相应图线所对应的文字)。

(2) 图(a)所示的实验装置中,固定于小球下端、宽度为 Δs,且不透光的薄片 J 是_____,传感器 K 的名称是_____。

(3) 根据图(b)所示的实验图像,可以得出的结论是_____。

这是一个教材要求的学生实验。对于亲身做过这个实验的学生来说,所有的问题都很简单,相当于实验的再现。所以第一问的图像顺序是乙、丙、甲。第二问分别为挡光片和光电门传感器。第三问则是机械能守恒。其中第二个问题,如果没有做过该实验,除非死记硬背,否则无法回答这个问题。而靠死记硬背回答问题的方法,则完全有悖于"习得"的课程要求。

再比如,牛顿第二定律的实验,这是一个涉及到多种科学方法的实验。控制变量法:外力不变时改变小车的质量,小车质量不变时改变外力;图像处理法:获取加速度与外力关系的数据(小车质量不变),以及加速度与质量的关系(外力不变时)后,利用图像进行分析;间接测量法:利用位移的测量确定小车的加速度;物理模型的方法:这里有两个部分的内容。第一是抵消摩擦力使系统成为光滑系统,第二则是要求沙桶质量 m 远小于小车质量 M。这是由于实验测量的小车的加速度,实际上是系统加速度,为了减小

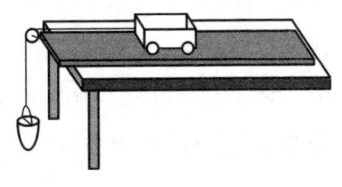

系统误差,使系统加速度近似等于小车加速度,就必须满足 $m \ll M$。

这种物理模型的获得,如果仅仅是理论上的分析,学生是没有感受的。而当学生动手实验后,他们就会发现改变外力的变化用的是"砝码片",是以"克"为单位的。而改变小车质量时,则是采用了"钩码",它是以 50 克或 100 克为单位的。$m \ll M$ 的物理模型,在学生自己实验操作时就无形的感悟了。

这是学生研究性学习中的试验问题。

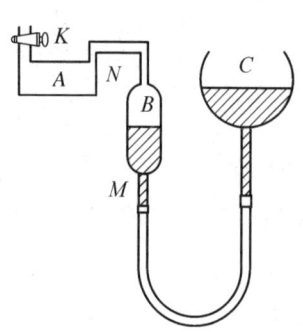

如图所示是一个体积计,它是测量易溶于水的粉末状物质的实际体积的装置。K 是连通大气的阀门,C 是水银槽,通过橡皮管与 B 容器相通,连通 A、B 的管道很细,容积可以忽略。A 容器和 B 容器全部容积之和为 V_0 cm³,B 容器粗细均匀,其横截面积为 S cm²。下面是测量操作过程:

A. 从气压计上读得当时大气压为 H_0 cmHg;

B. 打开 K,将待测粉末装入 A 容器中,移动 C,使 B 中水银面降低到 B 容器的最低位置;

C. 关闭 K,缓慢提升 C,使 B 中水银面在 B 容器中上升 L cm 高度。记录此时 B 中水银面与 C 中水银面的高度差 H cm。

(1) 设整个过程温度保持不变,请根据以上数据求出 A 容器中待测粉末的实际体积为_____cm³(用给定的物理量 V_0、H_0、H、L、S 表示)。

(2) 为了提高粉末体积测量的精确度,可以测量若干组 B 中水银面在 B 容器中上升的高度 L_1、L_2、L_3、L_4……,以及对应的 B 中水银面与 C 中水银面的高度差 H_1、H_2、H_3、H_4……,再用图像法处理实验数据求得 A 容器中待测粉末的实际体积。令 $V = V_0 - SL$(以 cm³ 为单位),$p = H_0 + H$(以 cmHg 为单位),则应以物理量_____为图像的纵轴,以物理量_____为图像的横轴(用 p 或 V 的表达式表示),图像在_____(选填"纵轴"或"横轴")上的截距表示 A 容器中待测粉末的实际体积。

这个问题的第一问,只需要根据玻意耳定律,将粉末体积与气体体积看成气体体积的整体,在不同压强下写出其状态方程就可以得到答案了。所以气体的实际体积为:$V_x = V_0 - LS - LSH_0/H$。第二问则是学生们感到疑惑的问题。我在这里对学生的辅导并不是"就题讲题"。

我首先问了学生这样的问题。如果在测量电池的内电阻和电动势时,按照图示的办法,能否完成电池电动势和内电阻的测量。学生给出的答案是肯定的。当 K 接入 R_1,可在伏安表上分别读出读出 I_1、U_1,当 K 接入 R_2,可在伏安表上分别读出读出 I_2、U_2。设电源电动势为 E、内电阻为 r,

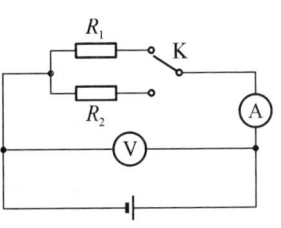

则:$E = U_1 + I_1 \cdot r$,

$E = U_2 + I_2 \cdot r$,连解即可得到 E 和 r 的结果。

我再请学生思考,既然这样的测量可以得到结果,那为什么测量电池电动势和内电阻时,却不采用这个方法,而采用了滑动变阻器做负载,通过改变滑动变阻器的阻值,获取多组电流与电压的数值,再用图像来处理呢?这个问题立刻使学生意识到了图线处理实验数据的意义:避免实验过程中的偶然误差(如测量误差、读数误差、计算误差),让图像在描绘的过程中,自动排除某些误差点。在这个研究性学习的问题中,第一个问题的解答,就相当测电池电动势与内电阻的计算。而第二个问题,就是排除可能出现的误差的图像处理。

设:粉末体积 V_X,

则气体体积为:$V - V_X$,

且 $V = V_0 - LS$(空间体积),

由 $p(V - V_X) = k$,可得 $V = (1/p)k + V_X$,即可画出 V-$1/p$ 的图像(如图)。

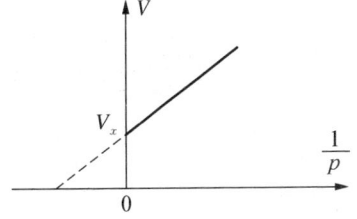

而当 $(1/p) = 0$ 时,粉末体积就是图像与纵抽得交点。

这个学生研究性学习的实验,不仅是在原有玻意耳定律实验内容基础上的应用拓展,而且是对实验的科学方法图像法进行了活用。

类似这样的案例还有很多。例如,在做过了利用磁通传感器测量螺线管内部磁通后的实验后,学生设计了利用磁铁下落过程中的重力势能与电能之间的相互转化的研究(图一)。在做过了利用发射与接收的传感器研究平抛运动的实验后,设计了 DIS 二维运动实验系统,研究单摆在运动过程中机械能的转化和守恒(图二)。这样的研究性学习如果没有亲身感受过实验,没有亲身经历过实验,是很难进行创意和设计的。

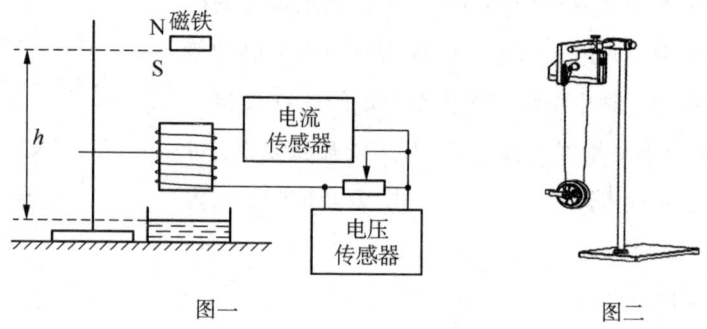

图一　　　　　　　　　　　图二

学生在物理学习中真实操作、真正实验,还可以分析和了解实验误差的简单知识,提高学生分析问题和解决问题的能力。例如下面两个图像,分别是牛顿第二定律与玻意耳定律的两组图像。如果学生没有做过实验,没有在实验中描绘过图像,就很难判断图像中(1)、(3)的形成原因。

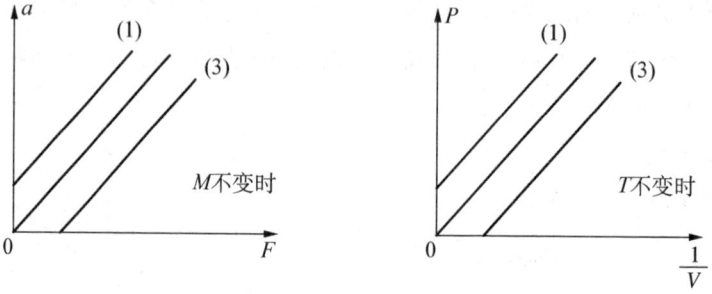

更为极端者,如果没有亲身经历过二力合成的小平板实验。对于类似于这样的问题"为了减小误差,两个分力 F_1、F_2 的大小是大一些好,还是小一些好?两个分力 F_1、F_2 间夹角是大一些好,还是小一些好?","如果两个分力大小不相同,作出的合力可能向哪一个方向偏移",可以说基本上无从回答。

四、物理实验对学科知识学习的促进

物理实验的内容,对于物理概念、定律、规律的探究、验证或应用,有着特殊的意义。尽管实验本身有着独特性(测量、观察、数据处理等),但对于学科理论知识的学习,夯实学科知识的基础,仍具有良好的促进作用。

我们可以看一下这样一个例题。

例:两实验小组使用相同规格的元件,按右图电路进行测量。他们将滑动变阻器的滑臂 P 分别置于 a、b、c、d、e、f、g 七个间距相同的位置(a、g 为滑动变阻器的两个端点),把相应的电流表示数记录在表一、表二中。对比两组数据,发现电流表示数的变化趋势不同。经检查,发现其中一个实验组使用的滑动变阻器发生断路。

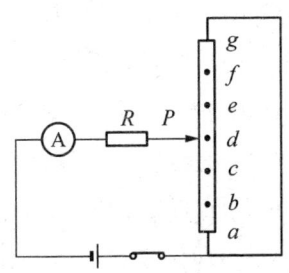

(1) 滑动变阻器发生断路的是第_____实验组;断路发生在滑动变阻器的_____段。

(2) 表二中,对应滑臂 P 在 X(f、g 之间的某一点)处的电流表示数的可能值为:( )。

(A) 0.13 A   (B) 0.25 A   (C) 0.35 A   (D) 0.50 A

表一(第一实验组)

P 的位置	a	b	c	d	e	f	g
A 的示数(A)	0.840	0.458	0.360	0.336	0.360	0.458	0.840

表二(第二实验组)

P 的位置	a	b	c	d	e	f	X	g
A 的示数(A)	0.840	0.42	0.280	0.21	0.168	0.14		0.840

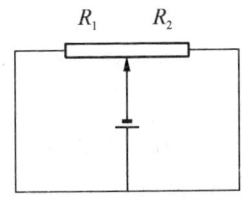

这个实验问题所涉及到的,是对于滑动变阻器的电路接法其及特性的是否了解。我们知道,滑动变阻器如果接在电路中形成"两翼环抱"的解法(如图),则当 $R_1 = R_2$ 时,电路的外电阻最大,而当 R_1 与 R_2 差值越大时,外电路电阻最小。这个实验的电路图,就是"两翼环抱"的电路。所以当滑动头在 d 时,电路总阻值最大、电流最小。由此可确定第一实验组的数据是正常数据,电路也是正常电路。第二实验组从 a 点至 f 点,电流一直减小,反映了电阻一直增大,说明了 a 点至 f 点完好,断路发生在 f、g 段。

又因为 f 点电流为 0.14 安,假设断路点偏近 g 位置,电流则会从 0.14 安继续减小。而 g 点电流为 0.84 安,假设断路点偏近 f 点,则电流会从 0.84 安减小,但此时即使电流减小,由于对称性,也不会超过 b 点电流,所以选项只能是 A、D。

这个实验问题,表面上看起来是故障的发现与判断,但本质上却是对基本电路的认识与特性的了解,只不过由于实验的特殊性,使得对于问题的提出和设计,选择了另外的出发点。所以这个实验的完成,不仅是对基本电路、基本元器件知识的复习和扩展,也促进了学生在学科知识学习中的知识与灵活。

我们再来看另外一个实验。

例:将一测力传感器连接到计算机上就可以测量快速变化的力。图甲中 O 点为单摆的固定悬点,现将小摆球(可视为质点)拉至 A 点,此时细线处于张紧状态,释放摆球,则摆球将在竖直平面内的 A、B、C 三点之间来回摆动,其中 B 点为运动中的最低位置,$\angle AOB = \angle COB = \theta$;$\theta$ 小于 $10°$ 且是未知量。图乙则表示由计算机得到的细线对摆球的拉力大小 F 随时间 t 变化的曲线,且图中 $t = 0$ 时刻为摆球从 A 点运动的时刻。试根据力学规律和题中(包括图中)所给的信息求:(g 取 10 m/s^2)

(1)单摆的振动周期和摆长;(2)摆球的质量;

(3)摆球运动过程中的最大速度。

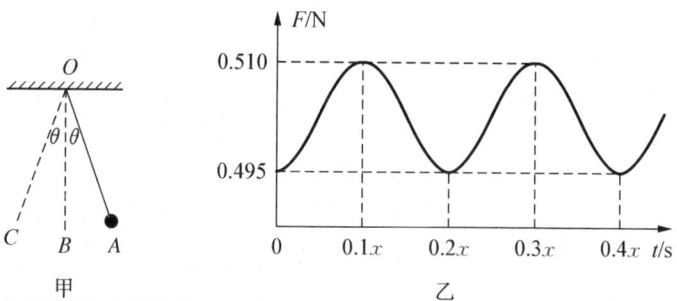

这个实验所涉及到的学科基本知识包括了物体的平衡、圆周运动、机械振动与机械能守恒。小球运动到最低点时,绳子的拉力最大,在一个周期内两次经过最低点,根据该规律,求出单摆的周期。再根据单摆的周期公式 $T = 2\pi[L/g]^{\frac{1}{2}}$,即可求出摆长。

由图乙可知:

周期 $\quad T = 0.4\pi \text{ s}$,

再由　$T = 2\pi[L/g]^{\frac{1}{2}}$,

得　$L = gT^2/4\pi^2$,

即　$L = 0.4$ m。

在摆球的端点时,由于速度为零,此时的拉力最小,重力在绳子方向的分力与绳子拉力大小相等。从图中读出为 0.495 牛。即 $F_{min} = mg\cos\theta$, $F_{min} = 0.495$ N。

小球摆动到最低点时,绳子的拉力最大,右图中可读出 $F_{max} = 0.510$ N。此时小球在做圆周运动,设最低点时的速度为 v,则应有 $F_{max} - mg = mv^2/L$。

当小球从端点摆动到最低点时,机械能守恒,满足 $mgL(1-\cos\theta) = \frac{1}{2}mv^2$,

消去 $\cos\theta$ 和 v^2,

有 $m = F_{max} + 2F_{min}/3g$,

代入数据 $m = 0.05$ kg;

再由 $F_{max} - mg = mv^2/L$,

解得 $v = 0.283$ m/s。

从这个实验所涉及到的学科内容与基本知识看,就相当于一道力学综合题。这样的实验,对学生理论知识的学习,一定能起到良好的促进作用。

五、中学物理实验发展对教师的要求

就中学物理教师而言,只要在一线教学滚过几轮,对于传统物理实验是应该能够胜任实验教学任务的。但是随着信息技术与实验技术的发展,物理教师同样也面临着科学技术与实验发展的挑战,也需要我们不断学习,不断更新自己的知识结构,不断提高教师专业化发展水平。

例如,当 DIS 实验进入教学后,一些常用传感器的原理能够了解吗？我就曾经听到个别教师说过,力传感器的原理是利用压电效应。

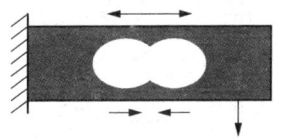

实际上,力传感器的原理是利用了上下两对应变片,再配以电桥电路而形成的。这两对应变片如图 a,原来都具有一定的电阻,当传感器受力后,上方的应变片伸长,电阻变大,下方应变片被压缩变短,电阻减小。

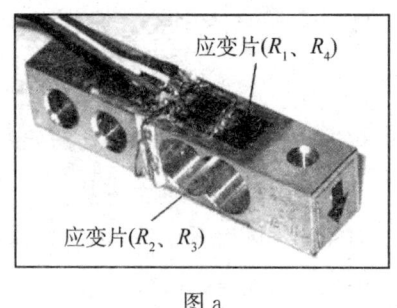
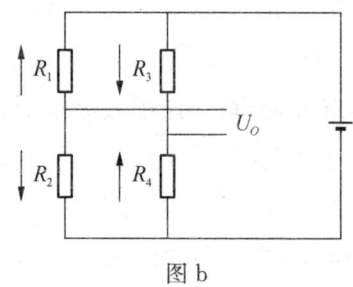

图 a　　　　　　　　　　　　图 b

传感器的电桥电路如图 b。

四个电阻没有发生变化时，电桥输出电压 U_O 为零，当 R_1、R_4（上方应变片电阻）变大，R_2、R_3（下方应变片电阻）变小时，U_O 就会产生输出电压。这与压电原理完全不是一回事。

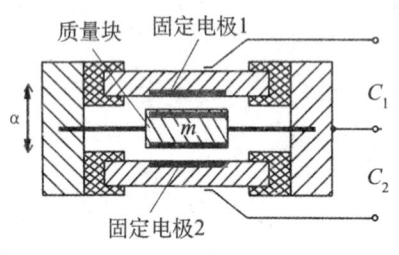

再来看一下加速度传感器，传感器内有一个用弹簧片支撑的质量块 m，可以上下活动。固定电极 1 与质量块之间构成电容 C_1，质量块与固定电极 2 之间构成电容 C_2。

当传感器在竖直方向有加速度时（如图），质量块与固定电极的距离就会变化，从而导致 C_1 与 C_2 的电容值变化，输出形成不同的电压。

不同的传感器有不同的原理，如转速传感器利用的是霍尔原理，光强传感器则使用了电荷耦合器件（CCD）。而一个完整的 CCD 器件又要由光敏元件、转移栅、移位寄存器以及辅助电路等组成。这些都是要由教师在不断的学习和专研中，慢慢理解和掌握的。

除此而外，如何使用一些常见的计算机软件制作模拟实验，如何在已有实验的电子资料上编辑实验，如何把一些科技的高新应用转移到课堂上来（例如磁悬浮现象等），都是发挥教师聪明才智的内容。只要我们还有着对教学的追求，有着对中学物理实验的追求，就一定能在实验教学方面取得新的建树。

结语

现在,我们可以对"教学为了什么"的命题,予以较为全面的回答了。

教学,不是为了单纯的传输知识,也不是空泛地口号培养学生能力。教学是为了让学生获得知识建构的过程与经历,促进学生在"同化"、"顺应"、"平衡"中完成自己的建构,并在建构中,丰富、更新、发展自己的知识结构。

当然,学生的建构是需要有一定的背景支撑的。它包括环境的建设,如问题情境的设置、合作学习氛围的营造、信息化学习方式的使用、学习空间环境的设计等;包括教学策略或模式的支持,如自习自研师生互动的教学策略;也包括学生研究型课程课题研究与学科研究性学习方式的推进。

教育是一个系统工程。教学同样也是一个系统工程。从这个意义上看,《教学法》、《教学论》、《学科教学论》等,更多的是从课堂教学的角度,从技术实施的侧面,来探讨教学的内容。作为教师,我们应该从更为全面的方位,来理解教学,理解教学为了什么。

教育是事业,事业需要奉献。

教育是科学,科学需要严谨。

教育是艺术,艺术需要创造。

教师的创造,应该更多地体现在教学的智慧,教学的行为中。